高等职业教育机电类教材
信息化数字资源配套教材

机械设计基础

▶▶

宋晓明　主编
赵海贤　陈文娟　富玉竹　副主编
蔡广新　主审

JIXIE
SHEJI JICHU

化学工业出版社

·北京·

内 容 简 介

本书以高等职业本、专科院校技术技能型人才培养目标和规格为依据，充分考虑高等职业教育的特点，突出职业教育属性和工程应用。本书主要讲述了平面机构的运动简图及自由度、平面连杆机构、凸轮机构、带传动和链传动、齿轮传动、齿轮系、连接、轴、轴承、联轴器和离合器等内容。书中每单元后附有适量的习题，书后附有课程实验，学校可根据实际情况选用。另外，为方便教学，书中配套视频、动画等数字资源，可扫描书中二维码观看学习；配套教学课件、习题参考答案，可供参考。

本书适合作为职业院校本科、专科机械类、近机械类各专业机械设计基础课程的教学用书，也可作为相关技术人员的参考用书。

图书在版编目（CIP）数据

机械设计基础/宋晓明主编. —北京：化学工业出版社，2022.2（2024.8重印）
ISBN 978-7-122-40473-2

Ⅰ.①机… Ⅱ.①宋… Ⅲ.①机械设计 Ⅳ.①TH122

中国版本图书馆CIP数据核字（2021）第256864号

责任编辑：韩庆利　　　　　　　　　　　　装帧设计：史利平
责任校对：王鹏飞

出版发行：化学工业出版社（北京市东城区青年湖南街13号　邮政编码100011）
印　　装：北京建宏印刷有限公司
787mm×1092mm　1/16　印张 11¼　字数 281千字　2024年8月北京第1版第3次印刷

购书咨询：010-64518888　　　　　　　　　售后服务：010-64518899
网　　址：http://www.cip.com.cn

凡购买本书，如有缺损质量问题，本社销售中心负责调换。

定　　价：35.00元　　　　　　　　　　　　　　　　　　　版权所有　违者必究

前　言

本书是根据国家职业教育改革实施方案的要求，满足国家职业教育体系的发展和职业本科高层次技能人才培养的需要，突出职业教育特色，结合编者多年教学经验编写而成的，可作为高等职业本、专科院校机械类及近机械类各专业机械设计基础课程的教材。

本书的主要特点如下：

（1）本书深入贯彻二十大精神，牢记为党育人、为国育才初心使命，坚持正确政治方向，以学生发展为本，结合教学内容渗透课程思政，落实立德树人根本任务。

（2）本书充分考虑目前职业院校生源状况，从培养实用型技术技能人才出发，基本知识点的选取以"必需""够用"为度，没有过多的理论推导，删减了传统"机械设计基础"课程中不常用的部分内容；为突出学以致用，例题的选择紧密结合工程实际，以培养学生分析问题和解决实际问题的能力。

（3）本书在叙述上着重强调基本概念、基本理论和基本方法，力求做到层次分明、循序渐进、通俗易懂，以使学生易于理解和掌握。

（4）为便于学生自学，教材中配套了微课、视频、动画等数字化教学资源，内容丰富，知识点与相应学习资源对应，可扫描二维码观看，激发学生自主学习，不受时间、空间限制，便于学生理解和应用；习题形式为判断题、选择题和综合题，几乎覆盖了所有的知识点，使学生能够检查对基本内容的掌握程度，发现学习中存在的问题。

（5）所用标准均为新的国家标准。

参加本书编写的人员有：河北石油职业技术大学宋晓明（单元一、单元六）、赵海贤（单元二、单元四）、陈文娟（单元三、单元八）、王雍钧（单元五）、郭姝萌（单元七、单元九、单元十一）、谢颖（单元十二）和辽宁石化职业技术学院富玉竹（单元十）。本书由宋晓明任主编，赵海贤、陈文娟、富玉竹任副主编，由河北石油职业技术大学蔡广新教授主审。

本书在编写过程中，编者参阅了有关教材和文献资料，在此表示衷心感谢。

由于编者的水平和实践知识所限，书中难免有欠妥之处，恳请使用本书的教师和读者提出宝贵意见。

编　者

目 录

单元一 绪论 ... 1
- 课题一　机器的组成及其特征 ... 1
- 课题二　机械设计的基本要求及一般程序 ... 3
- 课题三　机械设计基础课程的内容、性质和任务 ... 5
- 习题 ... 5

单元二 平面机构的运动简图及自由度 ... 7
- 课题一　运动副及其分类 ... 7
- 课题二　平面机构的运动简图 ... 9
- 课题三　平面机构的自由度 ... 11
- 习题 ... 15

单元三 平面连杆机构 ... 17
- 课题一　铰链四杆机构的基本类型及其演化 ... 17
- 课题二　平面四杆机构的基本特性 ... 23
- 课题三　平面四杆机构的设计 ... 26
- 习题 ... 29

单元四 凸轮机构 ... 31
- 课题一　凸轮机构的应用与分类 ... 31
- 课题二　常用的从动件运动规律 ... 33
- 课题三　用图解法设计盘形凸轮轮廓曲线 ... 36
- 课题四　设计凸轮机构应注意的问题 ... 40
- 课题五　凸轮机构的材料和结构 ... 42
- 习题 ... 44

单元五 带传动和链传动 ... 46
- 课题一　带传动的类型和应用 ... 46

课题二	普通V带和V带轮	48
课题三	带传动的工作能力分析	50
课题四	普通V带传动的设计	52
课题五	带传动的张紧、安装和维护	59
课题六	链传动简介	60
习题		63

单元六 齿轮传动 — 65

课题一	齿轮传动的类型和特点	65
课题二	渐开线齿廓	68
课题三	渐开线标准直齿圆柱齿轮的基本参数和几何尺寸	69
课题四	标准直齿圆柱齿轮的啮合传动	73
课题五	渐开线齿轮的加工方法及根切现象	75
课题六	轮齿的失效形式和齿轮的材料	77
课题七	标准直齿圆柱齿轮传动的强度计算	81
课题八	渐开线斜齿圆柱齿轮传动	89
课题九	齿轮的结构设计及齿轮传动的润滑	95
课题十	其他齿轮传动简介	97
习题		99

单元七 齿轮系 — 102

课题一	定轴轮系传动比的计算	103
课题二	行星轮系传动比的计算	104
习题		111

单元八 连接 — 114

课题一	螺纹连接	114
课题二	键连接	119
课题三	其他连接	123
习题		124

单元九 轴 — 126

课题一	轴的分类及材料	126
课题二	轴的结构设计	128
课题三	轴的强度校核	132
习题		136

单元十　轴承 … 138

课题一　滑动轴承 … 138
课题二　滚动轴承的构造及类型 … 143
课题三　滚动轴承的代号及类型选择 … 145
课题四　滚动轴承的寿命计算 … 147
课题五　滚动轴承的组合设计 … 154
习题 … 158

单元十一　联轴器和离合器 … 160

课题一　联轴器 … 160
课题二　离合器 … 163
习题 … 165

单元十二　课程实验 … 166

实验一　机构运动简图测绘 … 166
实验二　带传动试验 … 167
实验三　齿轮参数的测定 … 168
实验四　齿轮展成原理 … 171
实验五　常用机构的运动演示 … 172
实验六　常用机械零件及传动演示 … 172

附录 … 174

参考文献 … 176

单元一

绪　论

知识目标
理解机械、机器、机构、构件、零件与部件的概念及相互之间的区别与联系；
了解机械设计的基本要求；
了解机械设计的一般程序；
了解机械设计基础课程的内容、性质和任务。

技能目标
能区分机器与机构；
具备构件、零件与部件的判定能力。

机械设计是人类长期生产实践中一项重要的创造性活动，同时也是一门应用科学，是研究机械类产品的设计、开发、改造，以满足经济发展和社会需求的科学。在现代日常生活和生产活动中，机械起着非常重要的作用。机械的设计制造水平是体现一个国家的技术水平乃至综合国力的重要方面，而机械的应用水平则是衡量一个国家的技术水平和现代化的重要标志之一。机械设计涉及工程技术的各个领域，如运输、能源、化工、军事、建筑等都离不开机械设备。因此，对于现代从事机械、机电类工作的应用型技术人员，学习和掌握一定的机械设计基础知识是非常必要的。

课题一　机器的组成及其特征

一、机器与机构

机器是执行机械运动和信息转换的装置，用来变换或传递能量、物料与信息，以代替或减轻人的体力和脑力劳动。日常生活和工作中接触到的缝纫机、洗衣机、自行车、汽车，工业生产中的机床、纺织机、起重机、机器人等等，都是机器。机器的种类繁多，其结构、功用各异，但从机器的组成来分析，它们有着共同之处，传统意义的机器有三个共同的特征：
（1）都是人为的实体组合；
（2）各实体间具有确定的相对运动；
（3）能实现能量的转换或完成有用的机械功。
同时具备这三个特征的构件组合体称为机器，仅具备前两个特征的多构件组合体称为机构。如图 1-1 所示的单缸内燃机，其结构虽然简单，但是一部典型机器。它是由活塞、连杆、曲轴、齿轮、凸轮、顶杆及汽缸体等组成，它们分别构成了连杆机构、齿轮机构和凸轮机构，如图 1-2 所示。任何复杂的多缸内燃机，其基本结构和原理与单缸内燃机相同，只不过把单缸变成多缸而已。内燃机的功能是将燃料的热能转化为曲轴转动的机械能，其中连杆机构将燃料燃烧时体积迅速膨胀而使活塞产生的直线移动转化为曲轴的转动；凸轮机构用来控制适时启闭进气阀和排气阀；齿轮机构保证进、排气阀与活塞之间形成协调动作。由此可见，机器是由机构组成的，从运动观点来看两者并无差别，工程上把机器与机构统称为机械。

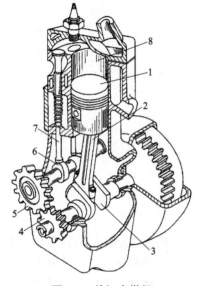

图 1-1 单缸内燃机

1—活塞；2—连杆；3—曲轴；4,5—齿轮；
6—凸轮；7—顶杆；8—汽缸体

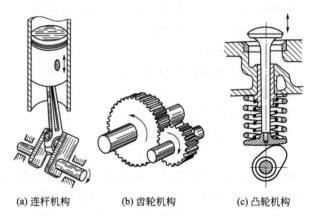

(a) 连杆机构　　(b) 齿轮机构　　(c) 凸轮机构

图 1-2 组成内燃机的机构

机器一般由原动部分、传动部分、执行部分所组成，有的机器还需控制系统和辅助系统等。机器的组成与功能见表 1-1。

表 1-1 机器的组成与功能

组成	功能
原动部分	给机器提供动力,如电动机
传动部分	通常用于实现运动形式的变化或速度及动力的转换,由一些机构(连杆机构、凸轮机构等)或传动形式(带传动、齿轮传动等)组成
执行部分	完成工作任务
辅助部分	指机器的润滑、控制、检测、照明等部分

根据用途的不同，机器可分为动力机器（电动机、内燃机、发电机等）、加工机器（金属切削机床、轧钢机、织布机等）、运输机器（升降机、起重机、汽车等）、信息机器（电视机、计算机、复印机等）。

二、构件、零件与部件

组成机械的各个相对运动的实体称为构件；机械中不可拆的最小单元称为零件，需要独立加工获得，它是组成构件的基本单元。构件可以是单一零件，如内燃机的曲轴（图 1-3），也可以是由多个零件组成的一个刚性整体，如内燃机的连杆（图 1-4）。由此可见，构件是机械中的运动单元，零件是机械中的制造单元。

构件、零件与部件

零件又可分为两类：一类是在各种机器中都可能用到的零件，称为通用零件，如螺母、螺栓、齿轮、轴、凸轮、链轮等；另一类则是在特定类型机器中才能用到的零件，称为专用零件，如曲轴、活塞、叶片等。

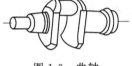

图 1-3 曲轴

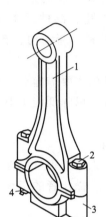

图 1-4 连杆
1—连杆体；2—螺栓；3—连杆盖；4—螺母

为实现一定的运动转换或完成某一工作要求，把若干构件组装到一起的组合体称为部件。部件与构件是有区别的，部件中的各零件之间不一定具有刚性联系。部件也可分为通用部件与专用部件。如减速器、滚动轴承和联轴器等属于通用部件，而汽车转向器等则属于专用部件。把一台机器划分为若干个部件，其目的是有利于设计、制造、运输、安装和维修。

课题二　机械设计的基本要求及一般程序

一、机械设计的基本要求

机械设计是机械生产的第一步，是影响机械产品制造过程和产品性能的重要环节。尽管设计的机械种类很多，但其设计的基本要求大致相同，主要有以下几方面：

1. 预定功能的要求

要求所设计的机械应具有预期的使用功能，以满足人们某方面的需要。预定功能要求包括：运动性能、动力性能、基本技术指标及外形结构等方面。主要靠正确选择机器的工作原理，正确设计或选择原动机、传动机构和执行机构以及合理配置辅助系统和控制系统来保证。

2. 安全可靠与强度、寿命的要求

安全可靠是机械正常工作的必要条件，因此，设计的机械必须保证在规定的工作期限内和规定的工作条件下，能够可靠地工作，防止个别零件的破坏或失效而影响正常运行。为此，应使所设计的机械零件结构合理并满足强度、刚度、耐磨性、耐热性、振动稳定性及其

寿命等方面的要求。

3. 经济性要求

机械的经济性是一个综合指标，它体现在机械设计、制造和使用全过程中，设计制造经济性表现为机械的成本低；使用经济性表现为高生产率、高效率、较少的能源、原材料和辅助材料消耗，以及低的管理和维护费用等。

提高设计、制造经济性的措施主要有：运用现代设计方法，使设计参数最优化；最大限度采用零件标准化、部件通用化、产品系列化；合理选用材料，改善零件的结构工艺性，尽量采用新材料、新结构、新工艺和新技术，使其用料少、质量轻、加工费用低、易于装配。

提高使用经济性的主要措施有：提高机械的自动化程度，以提高生产率；选用高效率的传动系统和支撑装置，以降低能源消耗；采用适当的防护、润滑装置，以延长机械的使用寿命等。

4. 操作使用要求

机械设计应符合人机工程学原理，使操作简便省力，避免连续重复动作，减轻操作时的劳动强度和疲劳；改善操作者的工作环境，降低机器工作时的振动与噪声，防止有毒有害介质渗漏。

5. 其他特殊要求

有些机械各自还有本身的特殊要求，如航空航天产品要求质量轻、飞行阻力小，医药、食品、纺织等机械要求保证一定的清洁度，防止污染产品，机床应在规定的使用期限内保持精度，经常搬动的机械应便于安装、拆卸和运输等。

二、机械设计的一般程序

机械设计并没有一个统一的固定程序，应视实际情况确定设计方法和步骤，通常按下列一般程序进行。

1. 提出和制定产品设计任务书

根据市场或用户的使用要求，在调查研究的基础上，确定设计任务书，对所设计机械的功能要求、性能指标、结构形式、主要技术参数、工作条件、生产批量等做出明确的规定。设计任务书是进行设计、调试和验收的主要依据。

2. 总体方案设计

根据设计任务书的要求，本着技术先进、使用可靠、经济合理的原则，拟定出一种能够实现机械功能要求的总体布置、传动方案和机构简图等。同时可进行液压、电器控制系统的方案设计。

3. 技术设计

根据总体设计方案的要求，对其主要零部件进行工作能力计算，并考虑结构设计上的需要，确定主要零部件的几何参数和基本尺寸。然后根据已确定的结构方案和主要零部件的基本尺寸，绘制机械的装配图、部件装配图和零件工作图。然后编写设计计算说明书、使用说明书、标准件明细表等。

4. 样机的试制和鉴定

经过专家和有关部门对设计资料进行审定认可后，进行样机的试制，样机制成后，可通过生产运行进行性能测试，然后便可组织鉴定，进行全面的技术经济评价。

鉴定通过后即可根据市场需求组织生产。至此，机械设计工作才告完成。

课题三　机械设计基础课程的内容、性质和任务

本课程的基本内容可分为机械原理和机械零件设计两大部分，主要讲述机械中的常用机构和通用零部件的工作原理、运动特点、结构特点、基本设计理论和计算方法，讲述常用零部件的选用和维护等共性问题。

本课程是工科类各专业的一门重要专业基础课，它综合应用高等数学、工程力学、金属工艺学等先修课程的基础理论知识，结合生产实践知识，解决常用机构及通用零部件的分析和设计问题。

本课程的任务为：

（1）掌握机构的结构、运动特性，初步具有分析和设计常用机构的能力。

（2）掌握标准和通用机械零部件的工作原理、结构特点、设计计算、选用和维护等基本知识，并初步具有设计机械传动装置的能力。

（3）具有运用标准、规范、手册、图册等有关技术资料的能力。

（4）获得本学科实验技能的初步训练。

总之，本课程是理论性和实践性都很强的机械类及近机械类专业的主干课程之一。通过本课程的学习，应使学生了解使用、维护和管理常用机械设备的一些基础知识，初步具备设计机械传动和运用手册设计简单机械的能力，为学习有关专业机械设备课程和应用型技术工作奠定必要的基础。

习题

一、判断题

1. 构件和零件都是运动单元。（　　）
2. 机构就是具有确定相对运动的实体组合。（　　）
3. 机器是机械与机构的总称。（　　）
4. 车床、颚式破碎机、减速器都是机器。（　　）
5. 零件是机械的最小单元。（　　）
6. 螺栓、轴、轴承都是通用零件。（　　）
7. 内燃机中的曲轴、活塞、凸轮都是专用零件。（　　）
8. 机构的作用是传递或转换运动形式。（　　）
9. 机构可以是单个零件，也可以是由多个零件组成的一个刚性整体。（　　）
10. 部件中的各零件之间不一定具有刚性联系。（　　）

二、选择题

1. 在机械中属于制造单元的是_____。
   A. 零件　　　　　　B. 构件　　　　　　C. 部件
2. 在机械中各运动单元称为_____。
   A. 零件　　　　　　B. 构件　　　　　　C. 部件
3. 各部分之间具有确定相对运动的构件的组合体称为_____。

A. 机器   B. 机构   C. 机械

4. 机构与机器的主要区别是_____。

A. 各运动单元间具有确定的相对运动

B. 机器能变换运动形式

C. 机器能完成有用的机械功或转换机械能

5. 部件是由机器中若干零件所组成的_____单元体。

A. 运动   B. 装配   C. 制造

6. 在内燃机曲柄连杆机构中，连杆是由连杆盖、连杆体、螺栓及螺母组成。其中，连杆属于_____，连杆体、连杆盖属于_____。

A. 零件   B. 构件   C. 部件

7. 在自行车车轮轴、链轮、内燃机中的曲轴、减速器中的齿轮和电风扇叶片中，有_____种是通用零件。

A. 2   B. 3   C. 4

8. 轿车的车轮属于机器的_____。

A. 原动部分   B. 传动部分   C. 执行部分

9. 在各种机器中都可能用到的零件，称为_____零件。

A. 通用   B. 专用   C. 标准

10. 机械设计基础课程的任务是_____。

A. 研究机器中的通用零、部件和常用机构的设计问题

B. 研究常用机器的设计问题

C. 研究机器的设计和机器的加工

素养拓展

 笔记

大国工匠

单元二

平面机构的运动简图及自由度

知识目标

掌握机构结构分析的目的；

掌握平面运动副及其分类；

熟练机构运动简图绘制；

掌握平面机构自由度计算的方法。

技能目标

具备熟练绘制机构运动简图的能力；

能够计算平面机构自由度。

若机构中所有构件在同一平面或相互平行的平面内运动，则该机构称为平面机构。实际机构一般由外形和结构都较复杂的构件（零件）组成。图2-1（a）为颚式破碎机的实际机构图（实物图），实物图看起来直观明了，但要分析破碎机的工作原理和进行运动分析就很难进行，所以就需要一种能说明机构运动原理的简单图形——机构运动简图［图2-1（c）］。因此，掌握正确绘制机构运动简图的方法是必要的。图2-1（b）是破碎机的结构示意图。

平面机构运动简图的作用及组成

✎笔记

 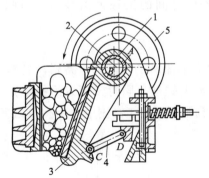 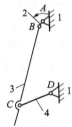

(a) 实物图　　　　　　　　(b) 示意图　　　　　　(c) 机构运动简图

图 2-1　颚式破碎机

1—机架；2—偏心轴；3—动颚板；4—肘板；5—带轮

课题一　运动副及其分类

组成机构的所有构件都应具有确定的相对运动。为此，各构件之间必须以某种方式连接起来，但这种连接不同于焊接、铆接之类的刚性连接，它既要对彼此连接的两构件的运动加以限制，又允许其间产生相对运动。这种两个构件直接接触并能保持一定相对运动的可动连接称为运动副。

运动副中的两构件接触形式不同，其限制的运动也不同，其接触形式不外乎有点、线、面三种形式。两构件通过面接触而组成的运动副称为低副，通过点或线的形式相接触而组成的运动副称为高副。

根据组成运动副的两构件之间的相对运动是平面运动还是空间运动，运动副可分为平面运动副和空间运动副。

1. 平面低副

根据两构件间允许的相对运动形式不同，低副又可分为转动副和移动副。

（1）转动副　组成运动副的两构件只能绕某一轴线在一个平面内作相对转动的运动副称为转动副，又称为铰链。如图 2-2(a) 所示，构件 1 与构件 2 之间通过面接触而组成转动副。内燃机的曲轴与连杆、曲轴与机架、连杆与活塞之间都组成转动副。

（2）移动副　组成运动副的两个构件只能沿某一方向作相对直线运动，这种运动副称为移动副。如图 2-2(b) 所示，构件 1 与构件 2 之间通过四个平面接触组成移动副，这两个构件只能产生沿轴线的相对移动。内燃机中的活塞与汽缸之间组成移动副。

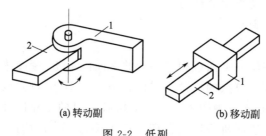

(a) 转动副　　　　(b) 移动副

图 2-2　低副

由于低副中两构件之间的接触为面接触，因此，承受相同载荷时，压强较低，不易磨损。

2. 平面高副

如图 2-3 所示的齿轮副和凸轮副都是高副，显然，图 2-3（a）、(b) 中构件 2 都可以相对于构件 1 绕接触点 A 转动，同时又可以沿接触点的切线 $t-t$ 方向移动，只有沿公法线 $n-n$ 方向的运动受到限制。由于高副中两个构件之间的接触为点或线接触，其接触部分的

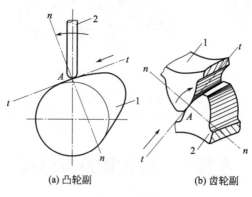

(a) 凸轮副　　　　(b) 齿轮副

图 2-3　高副

压强较高，故容易磨损。

除上述常见的平面运动副外，常用的运动副还有螺旋副和球面副，如图 2-4 所示，称为空间运动副。

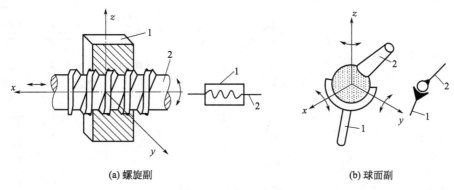

(a) 螺旋副　　　　　　　　(b) 球面副

图 2-4　空间运动副

课题二　平面机构的运动简图

由于机构的运动特性只与构件的数目、运动副的类型和数目以及它们之间相对位置的尺寸有关，而与构件的形状、截面尺寸及运动副的具体结构无关。所以，在分析机构运动时，为了简化问题，便于研究，常常可以不考虑与运动无关的因素，而用一些规定的简单线条和符号表示构件和运动副，并按一定比例确定运动副的相对位置，这种用规定的简化画法简明表达机构中各构件运动关系的图形称为机构运动简图。利用机构运动简图可以表达一部复杂机器的传动原理，可以进行机构的运动和动力分析。

一、平面机构的组成

根据机构工作时构件的运动情况不同，可将构件分为机架、主动件和从动件三类。机构中固定不动的构件称为机架，它用来支承其他活动构件；机构中接受外部给定运动规律的活动构件称为主动件或原动件，一般与机架相连；机构中随主动件而运动的其他全部活动构件称为从动件。

二、机构运动简图的符号

对于轴、杆等构件，常用线段表示；若构件固连在一起，则涂以焊接记号；图中画有一组平行短斜线的构件代表机架。转动副即为固定铰链和中间铰链；移动副为滑块在直线或槽中移动；表示高副时要绘出两构件接触处的轮廓线形状。

表 2-1 为机构运动简图的常用符号。

三、机构运动简图的绘制

机构运动简图的绘制方法和步骤如下：

（1）观察机构的实际结构，分析机构的运动情况，找出机构的固定件（机架）、原动件和从动件。

平面机构运动简图的绘制

表 2-1　机构运动简图常用符号

名称		简图符号	名称		简图符号
构件	杆、轴		机架	基本符号	
	三副构件			机架是转动副的一部分	
				机架是移动副的一部分	
	构件的固定连接		平面高副	齿轮副外啮合	
平面低副	转动副			齿轮副内啮合	
	移动副			凸轮副	

(2) 从原动件开始，按运动传递路线，分清构件间相对运动的性质，确定运动副的类型。

(3) 以与机构运动平面相平行的平面作为绘制运动简图的平面，用规定的符号和线条按比例尺绘制在此平面上，得到的图形即为机构运动简图。

【例 2-1】　绘制图 1-1 所示内燃机的机构运动简图。

解　(1) 分析结构，确定机架、原动件和从动件

由图 1-1 可知，壳体和汽缸体 8 是一个整体，在内燃机中起机架的作用，汽缸体内的活塞 1 是原动件，连杆 2、曲轴 3 和与之相固连的齿轮 4、齿轮 5、凸轮 6 和顶杆 7 是从动件。

(2) 按运动传递路线和相对运动的性质确定运动副的类型

该机构的运动由活塞 1 输入，活塞 1 与汽缸组成移动副；活塞 1 与连杆 2、连杆 2 与曲轴 3、曲轴 3 与壳体之间组成转动副。

运动经齿轮 4 传到齿轮 5，它们之间是线接触，组成高副；齿轮 5 与机架组成转动副；齿轮 5 与凸轮 6 连在同一轴上，为一个构件，凸轮 6 与顶杆 7 之间是点或线接触，组成高副；顶杆 7 与汽缸体（机架）8 组成移动副。

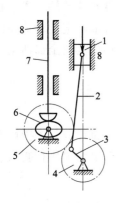

图 2-5　内燃机机构运动简图
1—活塞；2—连杆；3—曲轴；
4,5—齿轮；6—凸轮；
7—顶杆；8—机架

(3) 选择视图平面和比例尺，用规定符号和线条绘制机构运动简图

由于内燃机的主运动机构是平面运动，故取其运动平面为视图平面，选择适当的绘图比例尺用规定符号和线条画出所有构件和运动副，即可得到内燃机的机构运动简图（图 2-5），图中标有箭头的构件表示该构件是

原动件。

由齿轮轮廓接触组成的高副，在绘制机构运动简图时常用其节圆相切来表示，节圆如图 2-5 中的点画线所示。

课题三 平面机构的自由度

一、构件的自由度

一个自由构件在作平面运动时，有三种独立运动的可能性。如图 2-6 所示，在 xOy 坐标系所在平面内，构件 S 可沿 x 轴或 y 轴方向移动，也可绕任意一点 A 转动。这种可能出现的独立运动的数目称为构件的自由度。由此可知，一个作平面运动的自由构件有 3 个自由度。

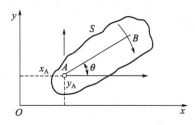

图 2-6 构件的自由度

二、运动副对构件的约束

当两个构件组成运动副之后，它们的运动就受到限制，自由度数目随之减少。不同种类的运动副引入的约束不同，所保留的自由度也不同。如图 2-2（a）所示的转动副，两个构件间相对移动受到限制，即约束了两个方向的移动自由度，只保留了一个相互转动的自由度；图 2-2（b）所示的移动副，只保留了沿一个方向的移动自由度，限制了另一方向的移动和在平面内转动的两个自由度；图 2-3 所示的高副则只约束了沿接触点处公法线 $n-n$ 方向移动的自由度，而保留了绕接触点转动和沿接触点公切线 $t-t$ 方向移动的两个自由度。由此可知，在平面机构中，平面低副具有两个约束，使构件失去两个自由度，平面高副具有一个约束，使构件失去一个自由度。

平面机构自由度的计算

笔记

三、平面机构自由度的计算

设一个平面机构有 N 个构件，其中必有一个机架（固定构件，自由度为零），故活动构件数为 $n=N-1$。在未用运动副连接之前，这些活动构件共有 $3n$ 个自由度，当用运动副将活动构件连接后，自由度则随之减少。若机构中共有 P_L 个低副和 P_H 个高副，由于每个低副限制 2 个自由度，每个高副限制 1 个自由度，则该机构剩余的自由度数 F 为：

$$F=3n-2P_L-P_H \tag{2-1}$$

上式即为平面机构自由度的计算公式。

【例 2-2】 计算图 2-5 所示内燃机机构的自由度。

解 由前述可知，在此机构中，曲轴 3 与齿轮 4 固连成一个构件，齿轮 5 与凸轮 6 也固连成一个构件，所以此机构共有 6 个构件，其中一个为机架，活动构件数 $n=5$。机构中有 2 个移动副、4 个转动副和 2 个高副，则由公式（2-1）可得该机构的自由度为

$$F=3n-2P_L-P_H=3\times5-2\times6-2=1$$

四、平面机构具有确定运动的条件

任何一个机构工作时，在原动件的驱使下，机构中的各从动件都要按一定的规律运动，或者说在任意瞬时各从动件都有其确定的位置，即机构的自由度必定与原动件数目相等。

如果机构自由度等于零,如图 2-7 所示,则构件组合在一起形成刚性结构,各构件之间没有相对运动,故不能构成机构。

如图 2-8 所示的五个构件由五个转动副连接起来,根据式(2-1)计算可得自由度 $F=2$。若取构件 1 为原动件,当给定 φ_1 角时,构件 2、3、4 既可处在图中实线位置,也可处在虚线位置,故其运动不确定,所以这种构件组合不是机构;但若取两个构件 1、4 为原动件,则在给定 φ_1 和 φ_4 角后,构件 2、3 的位置就是确定的,各构件都具有确定的相对运动,所以在这种情况下是机构。

如图 2-9 所示,如果原动件数大于自由度数,则机构中最薄弱的构件或运动副可能被破坏。

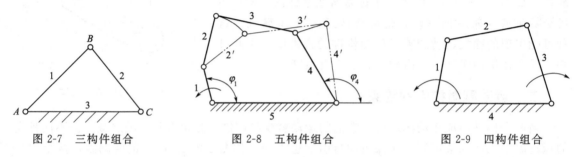

图 2-7　三构件组合　　图 2-8　五构件组合　　图 2-9　四构件组合

综上所述,机构具有确定运动的条件是:机构的自由度数目大于零且等于原动件的数目。

五、计算平面机构自由度的注意事项

在应用公式(2-1)计算平面机构自由度时,必须注意以下几种情况,否则就会出现计算结果与实际相矛盾的情况。

1. 复合铰链

两个以上的构件组成多个共轴线的转动副称为复合铰链。

如图 2-10 所示为三个构件构成的复合铰链,从侧视图 2-10(b)可以看出,构件 3 分别和构件 1 和构件 2 构成两个转动副。依此类推,如果有 k 个构件同在一处以转动副相连,则应有 $k-1$ 个转动副。

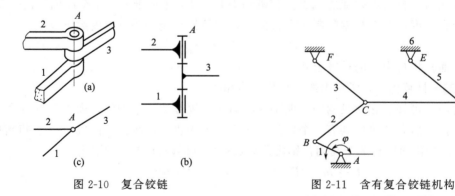

图 2-10　复合铰链　　　　图 2-11　含有复合铰链机构

【例 2-3】　计算图 2-11 所示机构的自由度。

解　此机构在 C 处构成复合铰链,该处含有 2 个转动副。所以,$n=5$,$P_L=7$,$P_H=0$,由式(2-1)得

$$F = 3n - 2P_L - P_H = 3 \times 5 - 2 \times 7 - 0 = 1$$

2. 局部自由度

在某些机构中，为了减少摩擦等原因而增加的活动构件，在机构中不影响运动的输入与输出关系，这种个别构件的独立运动自由度称为机构的局部自由度。如图 2-12(a) 所示的凸轮机构，当主动件凸轮 1 绕 O 点转动时，通过滚子 4 带动从动构件 2 沿机架 3 移动，显然，滚子绕其自身轴线的转动与否并不影响凸轮与从动件间的相对运动，因此，滚子绕其自身轴线的转动为机构的局部自由度。如果按活动构件 $n=3$，低副数 $P_L=3$，高副数 $P_H=1$ 来计算，得

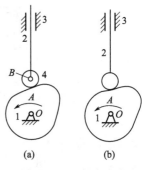

图 2-12 局部自由度

$$F = 3n - 2P_L - P_H = 3 \times 3 - 2 \times 3 - 1 = 2$$

说明机构应有两个主动构件才能具有确定的运动，这显然与事实不符。因此，在计算机构的自由度时应先将转动副 B 去除不计，设想将滚子 4 与从动件 2 固连在一起作为一个构件来考虑，如图 2-12(b) 所示，该机构的真实自由度为

$$F = 3n - 2P_L - P_H = 3 \times 2 - 2 \times 2 - 1 = 1$$

3. 虚约束

在机构中与其他约束重复而不独立起限制运动作用的约束称为虚约束。在计算机构自由度时应予以去除。

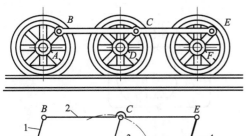

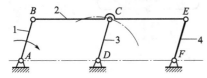

图 2-13 机车车轮联动机构

图 2-13 为机车车轮联动机构，在此机构中，$n=4$，$P_L=6$，$P_H=0$，其机构自由度为

$$F = 3n - 2P_L - P_H = 3 \times 1 - 2 \times 6 - 0 = 0$$

这表明该机构不能运动，显然与事实不符。由于 1、3、4 杆平行且相等，如果去掉 3 杆，C 点轨迹仍为圆，对整个机构的运动并无影响。也就是说，机构中加入构件 3 及转动副 C、D 后，虽然使机构增加了一个约束，但此约束并不起限制机构运动的作用，所以是虚约束。因此，在计算机构自由度时应去掉构件 3 和转动副 C、D。这样

$$F = 3n - 2P_L - P_H = 3 \times 3 - 2 \times 4 - 0 = 1$$

计算结果与实际情况一致。

由此可知，机构中若存在虚约束，计算自由度时应将含有虚约束的构件及其组成的运动副去掉。

平面机构的虚约束常出现在下列场合：

(1) 两构件组成多个移动方向一致的移动副时，其中只有一个是真实约束，其余的都是虚约束。如图 2-14 所示机构中压板 1 与机架 2 共在 A、B、C 三处形成了三个移动方向一致的移动副，其中含有两个虚约束。

(2) 两构件组成多个轴线重合的转动副时，其中只有一个是真实约束，其余的都是虚约束。如图 2-15 所示机构中齿轮 1 与机架 2 在 A、B 两处组成了两个轴线重合的转动副，其中有一个是虚约束。

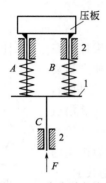
图 2-14 移动副虚约束

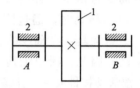
图 2-15 转动副虚约束

(3) 机构中对传递运动不起独立作用的对称部分所引入的约束都是虚约束。如图 2-16 所示差动轮系,中心齿轮 1 通过一个行星齿轮 2 便可以传递运动,另两个与之对称布置的行星齿轮不起独立传递运动的作用,主要是使机构受力均匀,提高其承载能力。这两个对称布置的行星齿轮所引入的约束(两个转动副和四个高副)都是虚约束。

(4) 两构件组成多个平面高副,且各高副接触点处公法线重合,则计算机构自由度时,只算一个高副,其余均为虚约束。如图 2-17 所示的等宽凸轮,凸轮和从动件形成两个高副,其中一个是虚约束。

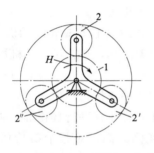
图 2-16 对称构件虚约束

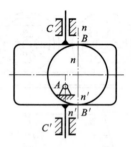
图 2-17 等宽凸轮

【例 2-4】 计算图 2-18 所示筛料机构的自由度。

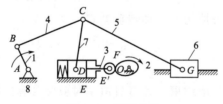
图 2-18 筛料机构

解 机构中的滚子有一个局部自由度。顶杆 3 与机架 8 在 E 和 E' 处组成两个导路平行的移动副,其中之一是虚约束。C 处是复合铰链。

将滚子与顶杆视为一体,消除局部自由度,去掉移动副 E 和 E' 中的一个虚约束,复合铰链 C 含有两个转动副。所以,$n=7$,$P_L=9$,$P_H=1$,代入式(2-1) 得

$$F=3n-2P_L-P_H=3\times 7-2\times 9-1=2$$

此机构的自由度为 2,与原动件数相等,具有确定的运动。

习题

一、判断题

1. 两构件之间直接接触且有一定相对运动的可动连接称为运动副。（　　）
2. 两构件通过面接触组成的运动副是低副。（　　）
3. 转动副限制了构件的转动自由度。（　　）
4. 两构件通过点或线接触组成的运动副是高副。（　　）
5. 高副引入的约束数为2。（　　）
6. 平面机构的自由度为2，说明需要2个原动件才能有确定运动。（　　）
7. 机构可能会有自由度小于零的情况。（　　）
8. 当 k 个构件用复合铰链相连接时，组成的转动副数目也应为 k 个。（　　）
9. 局部自由度影响运动的输入与输出关系。（　　）
10. 由于虚约束在计算机构自由度时将去掉，故设计机构时应避免出现虚约束。（　　）

二、选择题

1. 车轮在轨道上转动，车轮与轨道间构成_____。
   A. 转动副　　　　　　B. 移动副　　　　　　C. 高副
2. 两构件的接触形式是面接触，其运动副类型是_____。
   A. 凸轮副　　　　　　B. 低副　　　　　　　C. 齿轮副
3. 若两构件组成高副，则其接触形式为_____。
   A. 面接触　　　　　　B. 点或线接触　　　　C. 点或面接触
4. 平面机构中，如引入1个转动副，将带入_____个约束，机构自由度增加_____。
   A. 1，2　　　　　　　B. 2，1　　　　　　　C. 1，1
5. 平面机构中，若引入一个移动副，将带入_____个约束，机构自由度增加_____。
   A. 1，2　　　　　　　B. 2，1　　　　　　　C. 1，1
6. 平面机构中，若引入一个高副，将带入_____个约束，机构自由度增加_____。
   A. 1，2　　　　　　　B. 2，1　　　　　　　C. 1，1
7. 具有确定运动的机构，其原动件数目应_____自由度数目。
   A. 小于　　　　　　　B. 等于　　　　　　　C. 大于
8. 当机构自由度数小于原动件数目时，则_____。
   A. 机构中运动副及构件被破坏　　　　　　　B. 机构运动确定
   C. 机构运动不确定
9. 一般门与门框之间有两至三个铰链，这应为_____。
   A. 复合铰链　　　　　B. 局部自由度　　　　C. 虚约束
10. 机构中引入虚约束后，可使机构_____。
    A. 不能运动　　　　　B. 增加运动的刚性　　C. 对运动无所谓

三、计算题

计算图2-19所示各机构的自由度，若有复合铰链、局部自由度、虚约束需用文字说明指出。

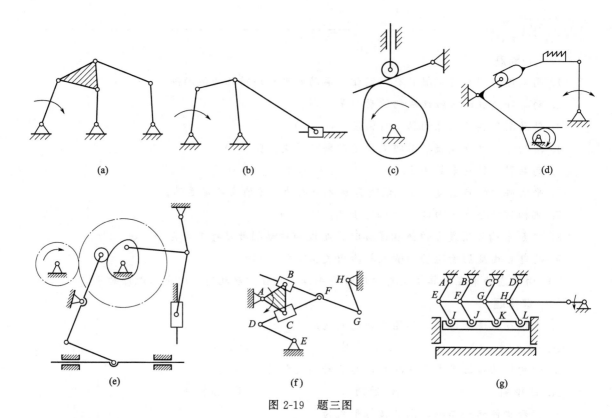

图 2-19 题三图

素养拓展

大国重器 1

单元三

平面连杆机构

知识目标
熟悉平面连杆机构及其演化形式；
掌握平面连杆机构的基本特性；
了解平面四杆机构的设计过程。

技能目标
能有判断平面四杆机构类型的能力；
具有平面四杆机构的选用能力；
具备平面四杆机构的设计能力。

平面连杆机构是由若干个刚性构件用低副相互连接而组成，并在同一平面或相互平行的平面内运动。低副是面接触，便于制造，容易获得较高的制造精度，并且压强低、磨损小、承载能力大。但是，低副中存在难以消除的间隙，从而产生运动误差，不易准确地实现复杂的运动，不宜用于高速的场合。平面连杆机构广泛应用于各种机械和仪器中，用以传递动力、改变运动形式。

平面连杆机构可根据机构中构件数目（包括机架）的多少分为四杆机构、五杆机构、六杆机构等；一般将五个以上构件组成的连杆机构称为多杆机构。平面四杆机构是构成和研究平面多杆机构的基础。本单元主要讨论平面四杆机构。

课题一 铰链四杆机构的基本类型及其演化

平面四杆机构按其运动形式不同分为铰链四杆机构和滑块四杆机构两大类，前者是平面四杆机构的基本形式，后者是由前者演化而来。

一、铰链四杆机构的基本类型

各个构件之间全部用转动副连接的四杆机构称为铰链四杆机构，它是平面四杆机构的基本形式。如图 3-1 所示，固定不动的构件 AD 称为机架；与机架用转动副相连的构件 AB 和 CD 称为连架杆；杆 BC 连接两连架杆称为连杆。连架杆中，能绕机架上的转动副作整周转动的构件 AB 称为曲柄，只能在某一角度内绕机架上的转动副摆动的构件 CD 称为摇杆。根据两连架杆是否成为曲柄或摇杆，铰链四杆机构分为曲柄摇杆机构、双曲柄机构、双摇杆机构三种形式。

认识四杆机构

1. 曲柄摇杆机构

在铰链四杆机构的两个连架杆中，若一个连架杆为曲柄，另一个连架杆为摇杆，则该机构称为曲柄摇杆机构，如图 3-1 所示。曲柄摇杆机构可实现曲柄整周旋转运动与摇杆往复摆动的互相转换。

当曲柄为原动件时，可将原动件的匀速转动变成从动件的往复摆动。图 3-2 为汽车前窗的刮雨器，当主动曲柄 AB 转动时，从动摇杆 CD 作往复摆动，利用摇杆的延长部分实现刮雨动作。

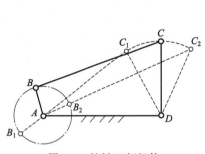

图 3-1 铰链四杆机构

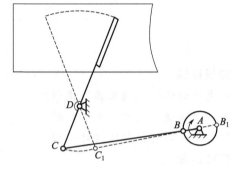

图 3-2 刮雨器

当以摇杆为原动件时，可将摇杆的往复摆动变成曲柄的整周转动。如图 3-3 所示的缝纫机踏板机构，踏板 1 为摇杆，曲轴 3 为曲柄，当踏动踏板使其往复摆动时，通过连杆 2 使曲柄 3 作连续转动，再通过带轮带动机头进行缝纫工作。

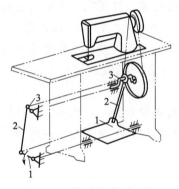

图 3-3 缝纫机踏板机构

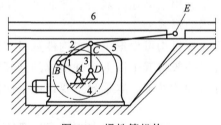

图 3-4 惯性筛机构

2. 双曲柄机构

两个连架杆都是曲柄的铰链四杆机构称为双曲柄机构。通常其主动曲柄等速转动时，从动曲柄作周期性的变速转动，以满足机器的工作要求。如图 3-4 所示的惯性筛机构，其中机构 $ABCD$ 是双曲柄机构。当主动曲柄 1 作等速转动时，利用从动曲柄 3 的变速转动，通过构件 5 使筛子 6 作变速往复的直线运动，达到筛分物料的目的。

在双曲柄机构中，如果对边两构件长度分别相等，则称为平行双曲柄机构或平行四边形机构。当两曲柄转向相同时，它们的角速度始终相等，连杆与机架平行，始终作平动，称为正平行双曲柄机构［图 3-5(a)］；当两曲柄转向相反时，它们的角速度不等，称为反平行双曲柄机构［图 3-5(b)］。图 3-6 所示的摄影车座斗的升降机构和图 3-7 所示的铲斗机构，即利用了平行四边形机构，使座斗和铲斗与连杆固结作平动。图 3-8 所示为车门启闭机构，它利用反平行双曲柄机构使两扇车门朝相反方向转动，从而保证两扇门能同时开启或关闭。

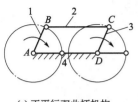 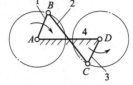 

(a) 正平行双曲柄机构　　(b) 反平行双曲柄机构

图 3-5　平行双曲柄机构　　　　图 3-6　摄影车座斗的升降机构

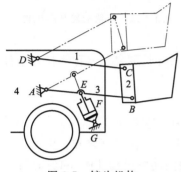 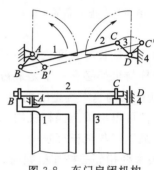

图 3-7　铲斗机构　　　　图 3-8　车门启闭机构

在正平行双曲柄机构中，当各构件共线时，可能出现从动曲柄与主动曲柄转向相反的现象，即运动不确定现象，而成为反平行双曲柄机构。为克服这种现象，除利用从动件本身或其上的飞轮惯性导向外，还可采用辅助曲柄或错列机构（图 3-9）等措施解决，如机车车轮联动机构（图 2-13）中采用三个曲柄的目的就是为了防止其反转。

另外，对平行双曲柄机构，无论以哪个构件为机架都是双曲柄机构。但若取较短构件为机架，则两曲柄的转动方向始终相同。

3. 双摇杆机构

图 3-9　错列平行双曲柄机构

两个连架杆都为摇杆的铰链四杆机构称为双摇杆机构。双摇杆机构可将一种摆动转化为另一种摆动。图 3-10 所示为电风扇摇头机构，当安装在摇杆 4 上的电动机转动时，电动机轴上的蜗杆带动蜗轮迫使连杆 1 绕点 A 作整周转动，从而带动连架杆 2 和 4 作往复摆动，实现电风扇摇头的目的。图 3-11 所示为汽车、拖拉机的前轮转向机构，它是具有等长摇杆的双摇杆机构，又称等腰梯形机构。它能使与摇杆固连的两前轮轴转过的角度 α 和 β 不同，使车辆转弯时每一瞬时都绕一个转动中心 O 点转动，保证了四个轮子与地面之间作纯滚动，从而避免了轮胎由于滑拖所引起的磨损，增加了车辆转向的稳定性。

二、铰链四杆机构中曲柄存在的条件及其基本类型的判别

1. 铰链四杆机构中曲柄存在的条件

铰链四杆机构三种基本形式的主要区别就在于连架杆是否有曲柄。而机构是否有曲柄存在，则取决于机构中各构件的相对长度以及机架所处位置。可以论证，铰链四杆机构存在曲

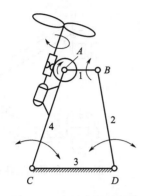
图 3-10 电风扇摇头机构

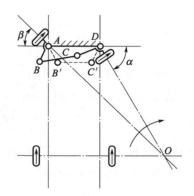
图 3-11 车辆前轮转向机构

柄的条件是：

(1) 最短杆与最长杆长度之和小于或等于其余两杆长度之和（称为杆长条件）；

(2) 连架杆与机架必有一个是最短杆。

2. 铰链四杆机构基本类型的判别

由以上条件可得出铰链四杆机构基本类型的判别方法如下：

(1) 如果最短杆与最长杆长度之和小于或等于其余两杆长度之和，则

① 取与最短杆相邻的杆作机架时，该机构为曲柄摇杆机构 [图 3-12(a)]；

② 取最短杆为机架时，该机构为双曲柄机构 [图 3-12(b)]；

③ 取与最短杆相对的杆为机架时，该机构为双摇杆机构 [图 3-12(c)]。

(2) 如果最短杆与最长杆长度之和大于其余两杆长度之和，则不论取任何杆为机架，该机构均为双摇杆机构 [图 3-12(d)]。

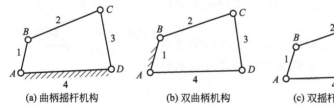

图 3-12 铰链四杆机构类型的判别

【例 3-1】 如图 3-13 所示的铰链四杆机构，已知各杆长度分别为：$a=30\text{mm}$，$b=50\text{mm}$，$c=40\text{mm}$，$d=45\text{mm}$。

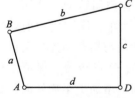

图 3-13 铰链四杆机构

(1) 试判断四个转动副中，哪些转动副对应的两个连接件之间能做整周转动，哪些不能整周转动；

(2) 说明机构分别以 AD、AB、CD 和 BC 各杆为机架时，属于何种机构。

解 (1) 因为 $a+b<c+d$，AB 为最短杆，AB 为机架是双曲柄机构，CD 为机架是双摇杆机构，故最短杆两端的两个转动副 A、B 能整周转动，而 C、D 则不能整周转动。

(2) 以 AD 杆或 BC 杆（最短杆 AB 的邻杆）为机架，机构为曲柄摇杆机构；以 CD 杆（最短杆 AB 相对的杆）为机架，机构为双摇杆机构；以 AB 杆（最短杆）为机架，机构为双曲柄机构。

【例 3-2】 设铰链四杆机构各杆长 $a=120\text{mm}$，$b=10\text{mm}$，$c=50\text{mm}$，$d=60\text{mm}$，以哪个构件为机架时才会有曲柄？

解 由于 $a+b>c+d$，故无论以哪个构件为机架均无曲柄，或者说均为双摇杆机构。

三、铰链四杆机构的演化

在实际机械中，广泛应用着多种形式的四杆机构，这些机构都可以看成是由铰链四杆机构通过演化得来的。较为常用的演化机构有曲柄滑块机构、导杆机构、摇块机构、定块机构等，它们均属于滑块四杆机构，即含有移动副和转动副的四杆机构。

1. 曲柄滑块机构

如图 3-14 所示，当曲柄摇杆机构的摇杆长度趋于无穷大时，C 点的轨迹将从圆弧演变为直线，摇杆 CD 转化为沿直线导路 $m-m$ 移动的滑块，成为图示曲柄滑块机构。若滑块移动导路中心线通过曲柄转动中心，则称为对心曲柄滑块机构 [图 3-14(a)]；若导路不通过曲柄转动中心则称为偏置曲柄滑块机构 [图 3-14(b)]，曲柄转动中心与导路中心的垂直距离 e 称为偏距。

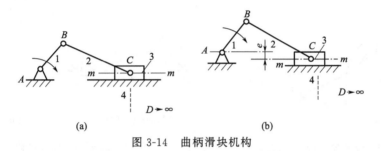

图 3-14 曲柄滑块机构

铰链四杆机构的演化

在曲柄滑块机构中，若曲柄为主动件，当曲柄连续回转时，通过连杆带动滑块作往复直线运动；反之，若滑块为主动件，当滑块作往复直线运动时，通过连杆带动曲柄作连续回转运动。曲柄滑块机构在内燃机、空压机、自动送料机、冲床等机械中都得到了广泛的应用。如图 3-15 所示为自动送料机构，当曲柄转动时，通过连杆使滑块作往复移动，曲柄每转动一周，滑块则往复运动一次，即推出一个工件，实现自动送料。如图 3-16 所示为冲床中的曲柄滑块机构，原动件曲轴 4 的转动驱动滑块 2 在固定的轨道内作往复直线运动，从而对工件进行冲压。

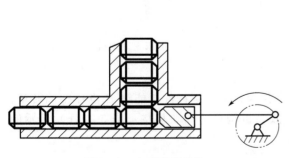

图 3-15 自动送料机构

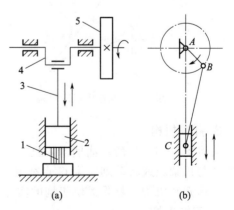

图 3-16 冲床中的曲柄滑块机构

1—工件；2—滑块；3—连杆；4—曲轴；5—齿轮

当对心曲柄滑块机构的曲柄长度较短时，曲柄结构形式较难实现，常把曲柄做成图3-17 所示的偏心轮形式，称为偏心轮机构。这种结构不但增大了转动副的尺寸，提高了偏心轴的强度和刚度，而且还使连杆结构简化，便于安装。偏心轮机构广泛用于承受较大冲击载荷的机械中，如破碎机、剪床及冲床等。

2. 导杆机构

导杆机构可以视为改变曲柄滑块机构中的机架演变而成。在图 3-18 所示的曲柄滑块机构中，如果取构件 1 为机架，构件 2 为原动件，构件 4 起引导滑块移动的作用（称为导杆），则曲柄滑块机构就演化为导杆机构。若杆长 $l_1 < l_2$，如图 3-18(a) 所示，则构件 2 和构件 4 都能作整周转动，因此这种机构称为转动导杆机构，此机构的功能是将曲柄 2 的等速转动转换为导杆 4 的变速转动；若杆长 $l_1 > l_2$，如图 3-18(b) 所示，构件 2 能作整周转动，构件 4 只能绕 A 点往复摆动，这种机构称为摆动导杆机构，该机构的功能是将曲柄 2 的等速转动转换为导杆 4 的往复摆动。

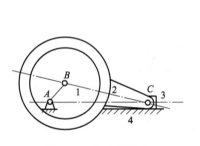

图 3-17 偏心轮机构

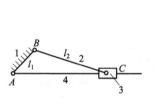

(a) 转动导杆机构

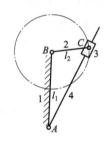

(b) 摆动导杆机构

图 3-18 导杆机构

导杆机构具有很好的传力性能，常用于牛头刨床、插床等工作机构。图 3-19 为插床主运动应用的转动导杆机构，图 3-20 为摆动导杆机构在刨床中的应用。

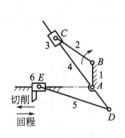

图 3-19 插床主运动机构

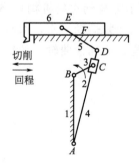

图 3-20 刨床主运动机构

3. 摇块机构

若将图 3-21(a) 所示曲柄滑块机构的构件 2 作为机架，则杆件 1 能绕 B 点作整周转动，滑块 3 与机架组成转动副而绕 C 点往复摆动，故该机构称为摇块机构。图 3-21(b) 所示的卡车自动卸料机构，就是摇块机构的实际应用。

4. 定块机构

曲柄滑块机构中，若取滑块 3 为机架，将演化成图 3-22(a) 所示的定块机构。这种机构常用于抽油泵和手动压水机［图 3-22(b)］。

若以两个移动副代替铰链四杆机构中的两个转动副，便可得到含有两个移动副的双滑块机构。

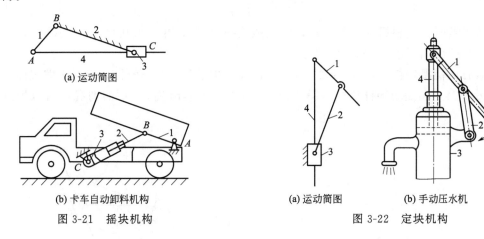

图 3-21 摇块机构　　　　　　　　　图 3-22 定块机构

课题二　平面四杆机构的基本特性

一、急回特性

平面连杆机构中，从动件空回行程的速度比工作行程的速度大的特性称为连杆机构的急回特性。

图 3-23 所示的曲柄摇杆机构，取曲柄 AB 为主动件，从动摇杆 CD 为工作件。在主动曲柄 AB 转动一周的过程中，曲柄 AB 与连杆 BC 有两次共线的位置 AB_1 和 AB_2，这时从动件摇杆分别位于两极限位置 C_1D 和 C_2D，其夹角 ψ 称为摇杆摆角或行程。在摇杆位于两极限位置时，主动曲柄相应两位置 AB_1、AB_2 所夹的锐角 θ，称为曲柄的极位夹角。

当主动曲柄沿顺时针方向以等角速度 ω 从 AB_1 转到 AB_2 时，其转角为 $\varphi_1=180°+\theta$，所需时间为 $t_1=(180°+\theta)/\omega$，从动摇杆由左极限位置 C_1D 向

急回特性

笔记

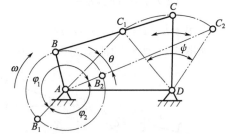

图 3-23 铰链四杆机构的急回运动

右摆过 ψ 到达右极限位置 C_2D，取此过程为作功的工作行程，C 点的平均速度为 v_1；当曲柄继续由 AB_2 转到 AB_1 时，其转角 $\varphi_2=180°-\theta$，所需时间为 $t_2=(180°-\theta)/\omega$，摇杆从 C_2D 向左摆过 ψ 回到 C_1D，取此过程为不作功的空回行程，C 点的平均速度为 v_2。由于 $\varphi_1>\varphi_2$，则 $t_1>t_2$。又因摇杆在两行程中的摆角都是 ψ，故空回行程 C 点的速度 v_2 大于工作行程 C 点的速度 v_1，说明曲柄摇杆机构具有急回特性。

工作件具有急回特性的程度，常用 v_2 与 v_1 的比值 K 来衡量，K 称为行程速比系数。即

$$K=\frac{v_2}{v_1}=\frac{C_2C_1/t_2}{C_1C_2/t_1}=\frac{t_1}{t_2}=\frac{180°+\theta}{180°-\theta} \tag{3-1}$$

由上式可知，当极位夹角 $\theta>0°$ 时，$K>1$，说明机构具有急回特性；θ 越大，K 越大，急回特性越显著，但机构的运动平稳性就越差。由式(3-1)可得

$$\theta=180°\times\frac{K-1}{K+1} \tag{3-2}$$

设计新机器时，应根据其工作要求，恰当地选择 K 值，在一般机械中 $1\leqslant K\leqslant 2$，然后由式(3-2)求出 θ，再设计各构件的尺寸。

对于对心曲柄滑块机构，因 $\theta=0°$，$K=1$，故机构不具有急回特性。而对于偏置曲柄滑块机构（图3-24）和摆动导杆机构（图3-25），由于不可能出现 $\theta=0°$ 的情况，所以恒具有急回特性。

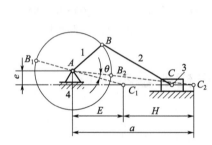

图 3-24 偏置曲柄滑块机构

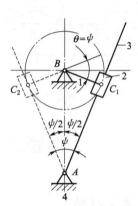

图 3-25 摆动导杆机构

在往复工作的机械中，如插床、刨床、插齿机、搓丝机等单向工作的机器，常利用机构的急回特性来缩短非生产时间从而提高生产效率。

二、压力角和传动角

作用于从动件上的驱动力与该力作用点的速度方向所夹的锐角 α 称为压力角。

如图3-26所示的曲柄摇杆机构中，取曲柄 AB 为主动件，摇杆 CD 为从动件。若不计构件重力和转动副中的摩擦力，则连杆 BC 为二力杆。因此，连杆 BC 传递到摇杆 CD 上的力 F 必沿连杆的轴线而作用于 C 点。因摇杆绕 D 点作摆动，故其上 C 点的速度 v_C 方向垂直于摇杆 CD。力 F 与速度 v_C 方向所夹的锐角即为压力角 α。将力 F 分解为沿 v_C 方向的分力 $F_t=F\cos\alpha$ 和沿 CD 方向的分力 $F_n=F\sin\alpha$。F_t 是推动摇杆的有效分力；显然，压力角 α 越小，有效分力 F_t 越大，机构的传力性能越好。

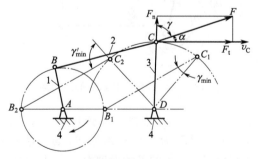

图 3-26 曲柄摇杆机构的压力角与传动角

因此，压力角 α 是判断机构传力性能的重要参数。

在具体应用中，为度量方便且更为直观，通常以连杆和从动件所夹的锐角 γ 来判断机构的传力性能，γ 称为传动角，它是压力角 α 的余角。显然，传动角 γ 越大，机构的传力性能越好。

机构在运行时，其压力角、传动角都随从动件的位置变化而变化，为保证机构有较好的

传力性能，必须限制工作行程的最小传动角 $\gamma_{\min}$。对于一般机械，通常取 $\gamma_{\min} \geqslant 40° \sim 50°$；对于传递功率大的机构，如冲床、颚式破碎机中的主要执行机构，为使工作时得到更高效率，可取 $\gamma_{\min} \geqslant 50°$。对于一些非传力机构，如控制、仪表等机构，也可取 $\gamma_{\min} < 40°$，但不能过小。

可以证明，图 3-26 所示的曲柄摇杆机构中，最小传动角出现在主动件 AB 与机架 AD 两次共线位置之一处，取其中较小的为该机构的最小传动角。

如图 3-27 所示，曲柄为原动件的偏置曲柄滑块机构，其传动角 γ 为连杆与导路垂线的夹角，最小传动角 $\gamma_{\min}$ 出现在曲柄垂直于导路时的位置。对心曲柄滑块机构最小传动角的确定方法与其一样。

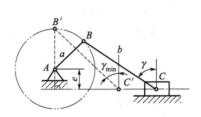

图 3-27　曲柄滑块机构的传动角

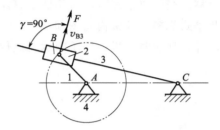

图 3-28　摆动导杆机构的传动角

在图 3-28 所示的摆动导杆机构中，当曲柄为原动件且不考虑摩擦时，滑块对导杆的作用力始终垂直于导杆，而导杆上力作用点速度方向也总是垂直于导杆，故其传动角恒等于 90°，说明导杆机构具有最好的传力性能。

三、死点位置

如图 3-29(a) 所示的曲柄摇杆机构中，在不计构件的重力、惯性力和运动副中的摩擦力的条件下，若以摇杆 CD 为主动件，则当连杆 BC 与从动曲柄 AB 在共线的两个位置时，机构的传动角为零，即连杆作用于从动曲柄的力通过了曲柄的回转中心 A，不能推动曲柄转动。机构的这种位置称为死点位置。

如图 3-29(b) 所示的曲柄滑块机构，若以滑块为主动件时，则从动曲柄 AB 与连杆 BC 共线的两个位置为死点位置。

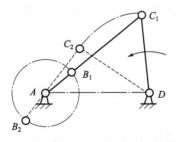
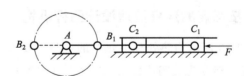

(a) 曲柄摇杆机构的死点位置　　(b) 曲柄滑块机构的死点位置

图 3-29　死点位置

由此可见，四杆机构中是否存在死点位置，取决于从动件是否与连杆共线。对于同一机构，若主动件选择不同，则有无死点的位置情况也不一样，如对于曲柄摇杆机构和曲柄滑块机构，只有当曲柄为从动件时，才可能有死点位置。

为了能顺利越过机构的死点位置而连续正常工作，一般采用在从动轴上安装质量较大的飞轮以增大其转动惯性，利用飞轮的惯性来通过死点位置。例如缝纫机、单缸内燃机等就是利用飞轮的惯性来越过死点位置的。另外，把两组机构错位排列是更有效的办法。如图 3-30 所示，当一组机构位于死点位置时，另一组处于正常转动的位置，可有效地克服死点。多缸内燃机就是几组曲柄滑块机构的错位排列。

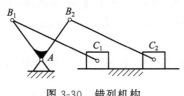

图 3-30　错列机构

另一方面，机构在死点位置的这一传力特性，也常在工程中得到应用。如图 3-31 所示的钻床夹具，当夹紧工件后，机构处于死点位置，即使反力 F_N 很大也不会松开，使工件夹紧牢固可靠。当需要松开时，在手柄上只需加一较小的与 F 方向相反的力即可。图 3-32（a）所示的折叠式靠椅，其机构简图如图 3-32（b）所示。靠背 AD 可视为机架，靠背脚 AB 可视为主动件，使用时，机构处于图示死点位置，因而人坐靠在椅子上时，椅子不会自动松开或合拢。

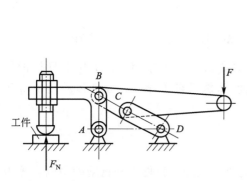

图 3-31　钻床夹具

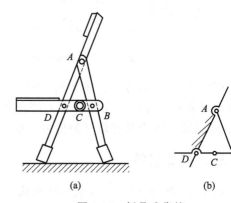

图 3-32　折叠式靠椅

课题三　平面四杆机构的设计

平面四杆机构设计的主要任务是：根据给定的条件选定机构类型，确定各构件的尺寸参数。平面四杆机构设计的方法有图解法、解析法和实验法三种，图解法简单直观，有助于对设计原理的理解，这里只介绍图解法。

一、按给定的连杆位置设计四杆机构

如图 3-33 所示为热处理加热炉的炉门。要求设计一四杆机构，把炉门从开启位置 B_2C_2（水平位置）转变为关闭位置 B_1C_1（垂直位置）。

设计分析　如图 3-33（a）所示，该设计问题是：已知连杆 BC 的长度 l_{BC} 及其两个位置 B_1C_1 和 B_2C_2，需确定其他三个构件的长度，因此，关键在于确定铰链 A 和铰链 D 的位置。而连杆上的 B 点无论在 B_1 还是在 B_2，都是在以 A 点为圆心的同一圆弧上，C_1、C_2 在以 D 为圆心的同一圆弧上，因此，只要找到 B_1B_2、C_1C_2 圆弧的圆心，即可确定 A、D 的位置。

设计步骤［如图 3-33（b）所示］

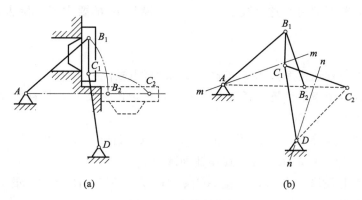

图 3-33 加热炉炉门

（1）取适当的比例尺 μ_1，将连杆 BC 的长度 l_{BC} 换算为图上距离 BC，按已知条件作出连杆的两个位置 B_1C_1 和 B_2C_2。

（2）连接 B_1B_2 和 C_1C_2，并作 B_1B_2 和 C_1C_2 的中垂线 mm，nn。

（3）在 mm 上任取一点 A，在 nn 上任取一点 D。

（4）连接 AB_1C_1D（或 AB_2C_2D）即为所求的四杆机构。

（5）从图上量出 AB、CD、AD 的长度，按相应的比例尺 μ_1 换算成实际长度 l_{AB}、l_{CD}、l_{AD}。

注意：在已知连杆两个位置的情况下，因 A、D 为在 mm、nn 上任取的，所以有无穷多解。若给出其他辅助条件，如机架长度及其位置等，就可得出唯一解。若给定连杆三个已知位置，其设计过程与上述情况基本相同。但由于有三个确定位置，相应三点可定一圆，这时解是唯一的。

二、按给定行程速比系数 K 设计四杆机构

设计具有急回特性的四杆机构，一般根据实际运动要求选定行程速比系数 K 的数值，然后根据机构在两极限位置处的几何关系，结合其他辅助条件进行设计。具有急回特性的四杆机构有曲柄摇杆机构、偏置曲柄滑块机构和摆动导杆机构等。

1. 曲柄摇杆机构

已知曲柄摇杆机构中摇杆 CD 的长度 l_{CD}、摇杆的摆角 ψ、行程速比系数 K，试设计该机构。

设计分析 如图 3-34 所示，由曲柄摇杆机构处于两极限位置时的几何关系可知，在 l_{CD}、ψ 已知的情况下，只要能确定固定铰链中心 A 的位置，则可由 $l_{AC1}=l_{BC}-l_{AB}$、$l_{AC2}=l_{BC}+l_{AB}$ 确定出曲柄长度 $l_{AB}=\dfrac{l_{AC2}-l_{AC1}}{2}$ 和连杆长度 $l_{BC}=\dfrac{l_{AC2}+l_{AC1}}{2}$，因此，设计的关键是确定固定铰链中心 A 的位置。因 K 已知，由式(3-2)可求得极位夹角 θ 的大小，铰链 A 点是极位夹角的顶点，其位置必须满足 $\angle C_1AC_2=\theta$ 的要求。若能通过 C_1、C_2 两点作出一辅助圆，使其弦 C_1C_2 所对的圆心角 $\angle C_1OC_2=2\theta$，圆周

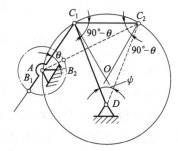

图 3-34 曲柄摇杆机构的设计

角等于 θ，那么铰链 A 只要在这个圆上，就一定能满足 K 的要求了。显然，这样的辅助圆是容易作出的。

设计步骤

（1）由给定的行程速比系数 K，按式(3-2)计算出极位夹角 θ。

（2）作摇杆的两个极限位置：任取一点 D，按一定比例尺 μ_l，根据已知 l_{CD}、ψ 绘出摇杆的两个极限位置 DC_1、DC_2。

（3）作辅助圆：连接 C_1、C_2，作 $\angle C_1C_2O = \angle C_2C_1O = 90°-\theta$，得 C_1O 与 C_2O 两直线的交点 O。以 O 为圆心，OC_1 为半径作辅助圆。

（4）在辅助圆上任取一点 A，连接 AC_1、AC_2，则 $\angle C_1AC_2 = \theta$。量出 AC_1、AC_2 的长度，按相应比例尺换算实际长度 l_{AC1}、l_{AC2}。

（5）按照公式 $l_{AB} = \dfrac{l_{AC2} - l_{AC1}}{2}$ 和 $l_{BC} = \dfrac{l_{AC2} + l_{AC1}}{2}$ 计算出 l_{AB}、l_{BC} 的尺寸。

注意：由于 A 点可在辅助圆上任选，所以可得无穷多解，给定其他辅助条件，则可得到确定解。

2. 偏置曲柄滑块机构

已知曲柄滑块机构中滑块的行程 s、偏心距 e、行程速比系数 K，试设计该机构。

设计分析 与上例分析类似，设计关键是确定铰链 A 的位置，通过 C_1、C_2 作辅助圆，A 点一定在此辅助圆上；根据偏心距 e，作一条与导路相距为 e 的平行线，该平行线与辅助圆的交点即为铰链 A 的位置。因此，可以用上例同样的步骤设计出曲柄滑块机构，如图 3-35 所示。

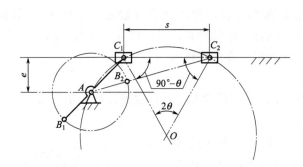

图 3-35 偏置曲柄滑块机构的设计

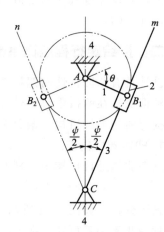

图 3-36 摆动导杆机构的设计

3. 摆动导杆机构

已知机架长度 l_{AC}、行程速比系数 K，试设计摆动导杆机构。

设计分析 设计该机构需求的是曲柄 AB 的长度，若能作出导杆的两个极限位置，则 A 点到导杆极限位置的垂直距离即为曲柄 AB 的长度。由于导杆机构的极位夹角 θ 等于导杆的摆角 ψ，所以可根据极位夹角 θ 作导杆的极限位置。

设计步骤（如图 3-36 所示）

（1）由给定的行程速比系数 K，按式(3-2)计算出极位夹角 θ。

（2）作出机架：任选一点 A，按一定比例尺 μ_l 作出机架 AC。

（3）用极位夹角 θ（$\psi=\theta$）作导杆的两个极限位置 Cm、Cn。

（4）过 A 点作导杆极限位置的垂线 AB_1（或 AB_2），量出 AB 的长度，按照相应的比例尺 μ_l 换算实际距离 l_{AB}。

习题

一、判断题

1. 各个构件之间全部用低副连接的四杆机构称为铰链四杆机构。（ ）
2. 连架杆中，能绕机架上的转动副作整周转动的构件称为曲柄。（ ）
3. 铰链四杆机构存在曲柄的条件是：最短杆与最长杆长度之和小于或等于其余两杆长度之和；连架杆与机架必有一个是最短杆。（ ）
4. 铰链四杆机构中，只要取最短杆为机架，就能得到双曲柄机构。（ ）
5. 曲柄摇杆机构中，当摇杆位于两极限位置时，主动曲柄相应两位置所夹的锐角 θ，称为极位夹角。（ ）
6. 曲柄为原动件的摆动导杆机构，一定具有急回特性。（ ）
7. 对心曲柄滑块机构的极位夹角 $\theta=0°$，故一定具有急回特性。（ ）
8. 压力角就是作用于主动件上的驱动力与该力作用点的速度方向所夹的锐角。（ ）
9. 压力角越大，传动角越小，机构的传力性能越好。（ ）
10. 四杆机构有无死点位置，与取何构件为原动件无关。（ ）

二、选择题

1. 缝纫机的脚踏板机构是以_____为主动件的曲柄摇杆机构。
   A. 曲柄   B. 连杆   C. 摇杆
2. 机车车轮机构是铰链四杆机构基本形式中的_____机构。
   A. 曲柄摇杆   B. 双曲柄   C. 双摇杆
3. 在满足杆长条件的双摇杆机构中，最短杆应该是_____。
   A. 连架杆   B. 连杆   C. 机架
4. 一对心曲柄滑块机构，若取曲柄为机架，则变成_____机构。
   A. 导杆   B. 摇块   C. 定块
5. 一对心曲柄滑块机构，若取滑块为机架，则变成_____机构。
   A. 导杆   B. 摇块   C. 定块
6. 一对心曲柄滑块机构，若取连杆为机架，则变成_____机构。
   A. 导杆   B. 摇块   C. 定块
7. 铰链四杆机构具有急回特性的条件是_____。
   A. $\theta=0°$ B. $\theta>0°$ C. $K=1$
8. 下列铰链四杆机构中，具有急回特性的是_____机构。
   A. 曲柄摇杆   B. 双曲柄   C. 双摇杆
9. 在曲柄摇杆机构中，当以_____为主动件时，机构会有死点位置出现。
   A. 曲柄   B. 连杆   C. 摇杆
10. 当平面连杆机构在死点位置时，其压力角和传动角分别为_____。
    A. 90°、0°   B. 0°、90°   C. 90°、90°

三、分析设计题

1. 根据图 3-37 中注明的尺寸，判断四杆机构的类型。

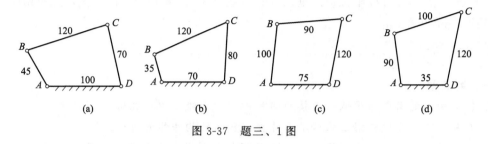

图 3-37 题三、1 图

2. 图 3-38 所示四杆机构各构件的长度为：$a=240\text{mm}$，$b=600\text{mm}$，$c=400\text{mm}$，$d=500\text{mm}$，试问：

（1）当以杆 4 为机架时，有无曲柄存在？

（2）能否以选不同构件为机架的方法，获得双曲柄与双摇杆机构？如何获得？

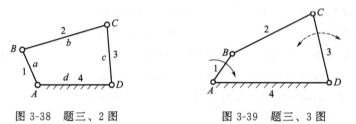

图 3-38 题三、2 图　　　　图 3-39 题三、3 图

3. 如图 3-39 所示曲柄摇杆机构，曲柄 AB 为原动件，摇杆 CD 为从动件，已知四杆长度为：$l_1=0.5\text{m}$，$l_2=2\text{m}$，$l_3=3\text{m}$，$l_4=4\text{m}$。用长度比例尺 $\mu_l=0.1\text{m/mm}$ 绘出机构运动简图、两个极限位置图，量出极位夹角 θ 值，计算行程速比系数 K，并绘出最小传动角（或最大压力角）的机构位置图。

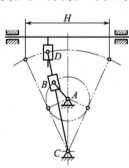

图 3-40 题三、6 图

4. 用图解法设计一曲柄摇杆机构，已知：摇杆 CD 的长度 $l_{CD}=150\text{mm}$，摇杆的摆角 $\psi=45°$、行程速比系数 $K=1.5$，机架长度 $l_{AD}=90\text{mm}$。

5. 已知一偏置曲柄滑块机构，滑块的行程 $s=100\text{mm}$，偏距 $e=10\text{mm}$，行程速比系数 $K=1.4$。设计该机构。

6. 某牛头刨床的刨刀驱动机构示意图如图 3-40 所示。已知：主动曲柄绕轴心 A 作等速回转，从动件滑枕作往复移动，且 $l_{AC}=300\text{mm}$，刨头行程 $H=450\text{mm}$，行程速比系数 $K=2$，试用图解法设计此牛头刨床的刨刀驱动机构。

素养拓展

大国重器 2

单元四

凸轮机构

知识目标

掌握凸轮机构的类型及特点；

掌握从动件常用运动规律；

掌握图解法设计凸轮轮廓的方法；

了解凸轮设计应注意的问题。

技能目标

具有图解法设计凸轮轮廓曲线的能力；

具备设计凸轮机构的基本技能。

课题一　凸轮机构的应用与分类

凸轮机构的应用

笔记

一、凸轮机构的应用

凸轮机构主要由凸轮、从动件和机架组成。凸轮是一个具有特殊曲线轮廓或凹槽的构件，一般以凸轮作为主动件，它通常作等速转动，但也有作往复摆动和往复直线移动的。通过凸轮与从动件的直接接触，驱使从动件作往复直线运动或摆动。只要适当地设计凸轮轮廓曲线，就可以使从动件获得预定的运动规律。因此，凸轮机构广泛应用于各种自动化机械、自动控制装置和仪表中。

图 4-1 为内燃机中用以控制进气和排气的凸轮机构，当凸轮 1 等速回转时，迫使从动杆（气门阀杆）2 上下移动，从而按时开启或关闭气阀，凸轮轮廓曲线的形状决定了气阀的开闭时间、速度和加速度的变化规律。

图 4-2 所示为绕线机的引线机构。当绕线轴 3 快速转动时，绕线轴上的齿轮带动凸轮 1 缓慢地转动，通过凸轮轮廓与尖顶 A 驱使从动件 2（引线杆）作往复摆动，从而将线均匀地绕在绕线轴上。

图 4-3 所示为靠模车削机构。移动凸轮 1 作为靠模板固定在床身上，被加工件回转时，滚轮 2 在弹簧作用下与凸轮轮廓紧密接触，刀架 3（从动件）靠滚子在移动凸轮的曲线轮廓的驱使下作横向进给运动，和从动件相连的刀头便切削出与靠模板曲线轮廓一致的工件。

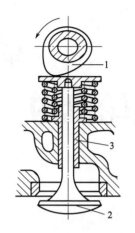

图 4-1 内燃机配气凸轮机构
1—凸轮；2—气门阀杆；3—导套

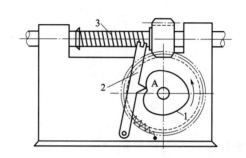

图 4-2 绕线机的引线机构
1—凸轮；2—引线杆；3—绕线轴

图 4-4 所示为缝纫机挑线机构，当圆柱凸轮 1 转动时，利用其上凹槽的侧面迫使挑线杆 2 绕其转轴上、下往复摆动，完成挑线动作，其摆动规律取决于凹槽曲线的形状。

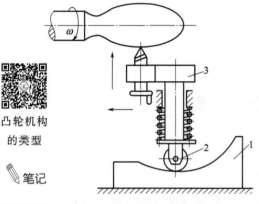

图 4-3 靠模车削机构
1—凸轮；2—滚轮；3—刀架

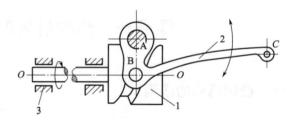

图 4-4 缝纫机挑线机构
1—凸轮；2—挑线杆；3—机架

由以上实例可以看出，凸轮机构是由凸轮、从动件和机架组成的含有高副的传动机构。凸轮机构的主要优点是：结构简单、紧凑，工作可靠，只要适当设计凸轮的轮廓或凹槽形状就可以精确实现任意复杂的运动规律，因此作为控制机构得到了广泛的应用。但凸轮与从动件之间为点或线接触，属于高副，故易磨损，因此，凸轮机构一般用于传递动力不大的场合。

二、凸轮机构的分类

1. 按凸轮的形状分类

（1）盘形凸轮机构　此机构的凸轮是一个绕固定轴线转动并具有变化向径的盘形构件，其从动件在垂直于凸轮轴线的平面内运动，如图 4-1、图 4-2 所示。盘形凸轮是凸轮的最基本形式，但从动件的行程不能太大，否则其结构庞大。

（2）移动凸轮机构　这种机构的凸轮是一个具有曲线轮廓并作往复直线运动的构件，如

图 4-3 所示。移动凸轮可视为回转中心在无穷远处的盘形凸轮。

（3）圆柱凸轮机构　这种机构的凸轮是一个在圆柱表面上开有曲线凹槽并绕圆柱轴线旋转的构件，如图 4-4 所示。它的从动件可以获得较大的行程。

盘形凸轮和移动凸轮与从动件之间的相对运动为平面运动，属于平面凸轮机构。而圆柱凸轮与从动件之间的相对运动不在平行平面内，故属于空间凸轮机构。

2. 按从动件的形状分类

（1）尖顶从动件凸轮机构　如图 4-5(a) 所示，这种机构的从动件结构简单，尖顶能与任意复杂的凸轮轮廓保持接触，故可使从动件实现任意运动规律。但因尖顶易于磨损，所以只适用于传力不大的低速场合。

（2）滚子从动件凸轮机构　如图 4-5(b) 所示，这种机构的从动件，一端铰接一个可自由转动的滚子，滚子和凸轮轮廓之间为滚动摩擦，因而磨损较小，可传递较大的动力，应用较普遍。

（3）平底从动件凸轮机构　如图 4-5(c) 所示，由于平底与凸轮之间容易形成楔形油膜，利于润滑和减少磨损；不计摩擦时，凸轮给从动件的作用力始终垂直于平底，传力性能最好，

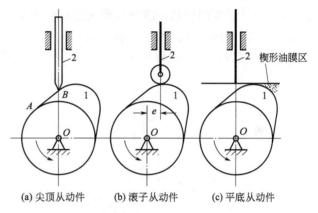

(a) 尖顶从动件　　(b) 滚子从动件　　(c) 平底从动件

图 4-5　从动件的形状

因而常用于传递较大载荷的高速凸轮机构中。但不能用于具有内凹轮廓的凸轮机构。

以上三种从动件均可作往复直线运动和往复摆动，前者称为直动从动件，后者称为摆动从动件。直动从动件的导路中心线通过凸轮的回转中心时，称为对心从动件，否则称为偏置从动件。

3. 按凸轮与从动件的锁合方式分类

凸轮机构工作时，必须保证凸轮轮廓与从动件始终保持接触，保持接触的措施称为锁合。

（1）力锁合　利用从动件自身的重力或弹簧力使从动件与凸轮始终保持接触。

（2）形锁合　利用凸轮与从动件的特殊结构形状使从动件与凸轮始终保持接触。图 4-4 所示圆柱凸轮机构，是利用滚子与凸轮凹槽两侧面的配合来实现形锁合的。

课题二　常用的从动件运动规律

设计凸轮机构时，首先应根据生产实际要求确定凸轮机构的形式和从动件的运动规律，然后再按照其运动规律设计凸轮轮廓曲线和有关的结构尺寸。因此，确定从动件的运动规律是凸轮设计的前提。

一、凸轮机构的工作过程

图 4-6(a) 所示为对心尖顶直动从动件盘形凸轮机构。其工作过程和有关基本概念如下：

以凸轮最小向径所作的圆称为基圆，基圆半径用 r_0 表示。图示位置是凸轮转角为零，从动件位移为零，从动件尖端位于离轴心 O 最近位置 A，称为起始位置。当凸轮以等角速

度 ω_1 顺时针转过 δ_0 时，凸轮轮廓 AB 段按一定运动规律将从动件尖顶由起始位置 A 推到最远位置 B'，这一过程称为推程，而与推程对应的凸轮转角 δ_0 称为推程运动角；从动件移动的最大位移 h 称为从动件的行程。凸轮继续转过 δ_s 时，因凸轮轮廓 BC 段为圆弧，故从动件在最高位置停止不动，对应的凸轮转角 δ_s 称为远休止角。凸轮继续转过 δ_h 时，从动件在重力或弹簧力作用下按一定运动规律沿 CD 段回到初始位置，这个过程称为回程，凸轮相应转角 δ_h 称为回程运动角。凸轮继续转过 δ_s' 时，因凸轮轮廓段为圆弧，故从动件在最近位置停止不动，相应的凸轮转角 δ_s' 称为近休止角。凸轮继续转动时，从动件将重复上述的升—停—降—停的运动循环。

从动件的位移 s 与凸轮转角 δ 的关系可以用图 4-6(b) 所示的从动件位移线图来表示，纵坐标代表从动件的位移，横坐标代表凸轮的转角。由于大多数凸轮作等速转动，转角与时间成正比，因此横坐标也可以代表时间 t。

行程 h 以及各阶段的转角 δ_0、δ_s、δ_h、δ_s'，是描述凸轮机构运动的重要参数。

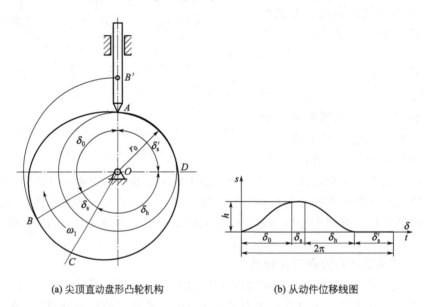

(a) 尖顶直动盘形凸轮机构　　(b) 从动件位移线图

图 4-6　凸轮机构的工作过程

二、常用的从动件运动规律

从动件在运动过程中，其位移、速度和加速度随时间（或凸轮转角）的变化规律，称为从动件的运动规律。

1. 等速运动规律

从动件在推程或回程中运动速度不变的运动规律，称为等速运动规律。

从动件推程时的运动方程为

$$\left. \begin{array}{l} s_2 = \dfrac{h}{\delta_0} \delta \\[4pt] v_2 = \dfrac{h}{\delta_0} \omega_1 \\[4pt] a_2 = 0 \end{array} \right\} \tag{4-1}$$

按运动方程可作出其推程运动线图如图 4-7 所示。由图可知,从动件在推程开始和终止的瞬时,速度有突变,其加速度和惯性力在理论上为无穷大(实际上由于材料的弹性变形,其加速度和惯性力不可能达到无穷大),致使凸轮机构产生强烈的冲击、噪声和磨损,这种冲击称为刚性冲击。因此,等速运动规律只适用于低速、轻载的场合。

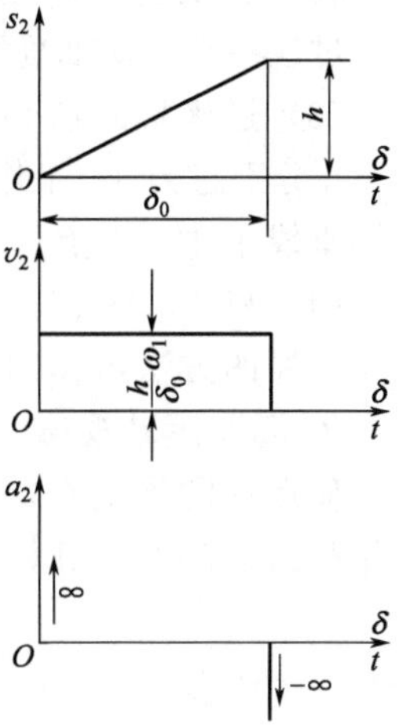

2. 等加速等减速运动规律

从动件在推程的前半段为等加速,后半段为等减速的运动规律,称为等加速等减速运动规律。通常前半段和后半段完全对称,即两者的位移相等,加速运动和减速运动的加速度绝对值也相等。

从动件推程时的运动方程分为两段:

等加速段
$$\left.\begin{array}{l} s_2 = \dfrac{2h}{\delta_0^2}\delta^2 \\ v_2 = \dfrac{4h\omega_1}{\delta_0^2}\delta \\ a_2 = \dfrac{4h\omega_1^2}{\delta_0^2} \end{array}\right\} \quad (4\text{-}2a)$$

等减速段
$$\left.\begin{array}{l} s_2 = h - \dfrac{2h}{\delta_0^2}(\delta_0 - \delta)^2 \\ v_2 = \dfrac{4h\omega_1}{\delta_0^2}(\delta_0 - \delta) \\ a_2 = -\dfrac{4h\omega_1^2}{\delta_0^2} \end{array}\right\} \quad (4\text{-}2b)$$

图 4-7 等速运动规律

由以上运动方程可作出图 4-8 所示的从动件推程时的运动线图。由图可知,这种运动规律的速度曲线是连续的,不会产生刚性冲击,但加速度在 O、A、B 三点处有突变,这种加速度有限值的突变表明所产生的惯性力突变也是有限的,因此对机构也会造成一定的冲击,此时机构中引起的冲击称为柔性冲击。与等速运动规律相比,冲击次数虽然增加了一次,但冲击程度却大为减小,因此,这种运动规律多用于中速、轻载的场合。

由位移方程可知,其位移曲线为两条光滑相接的反向抛物线,所以等加速等减速运动规律又称为抛物线运动规律。当凸轮转角 δ 处在相同等分转角 1,2,3,…各位置时,从动件相应的位移 s 的比值为 1∶4∶9…。位移曲线前半推程简易作法如下:

(1) 取横坐标轴代表凸轮转角 δ,纵坐标轴代表从动件位移 s_2。

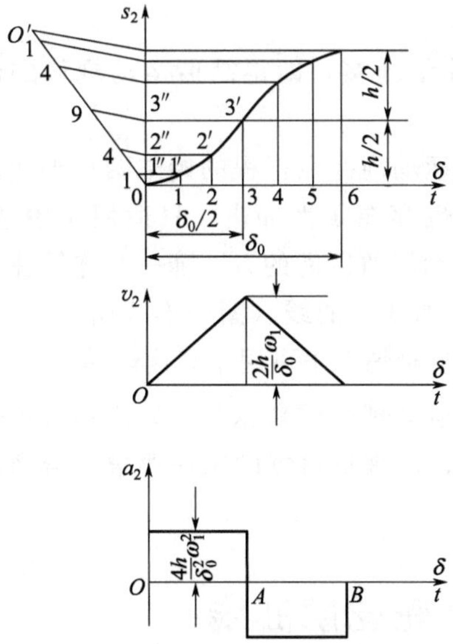

图 4-8 等加速等减速运动规律

(2) 选取适当的角度比例尺,将 $\delta_0/2$ 的线段进行若干等分(图中为 3 等分),得 1、2、3 点;过这些点作横轴垂线,并从点 3 截取 $h/2$ 高,得点 $3'$,过 $3'$ 点作水平线交纵轴于点 $3''$。

(3) 过坐标原点 O 作任意斜线 OO',任意以适当单位长度截取 9 个等分点,连接 9 和 $3''$,并分别过点 1、4 作其平行线交纵轴于点 $1''$ 和 $2''$,过 $1''$ 和 $2''$ 分别作水平线交过 1、2 点的横轴垂线于 $1'$、$2'$ 点。

(4) 将 $1'$、$2'$、$3'$ 点连成光滑曲线便得到前半段等加速运动的位移曲线。

同样的方法可作出等减速段的位移曲线,如图 4-8 所示。

3. 简谐运动规律(余弦加速度运动规律)

质点在圆周上作匀速运动时,它在该圆的直径上投影所形成的运动称为简谐运动。从动件作简谐运动时,其推程的运动方程为

$$\left. \begin{array}{l} s_2 = \dfrac{h}{2}\left[1 - \cos\left(\dfrac{\pi}{\delta_0}\delta\right)\right] \\[2mm] v_2 = \dfrac{\pi h \omega_1}{2\delta_0} \sin\left(\dfrac{\pi}{\delta_0}\delta\right) \\[2mm] a_2 = \dfrac{\pi^2 h \omega_1^2}{2\delta_0^2} \cos\left(\dfrac{\pi}{\delta_0}\delta\right) \end{array} \right\} \quad (4\text{-}3)$$

由方程可知,从动件作简谐运动时,其加速度按余弦曲线变化,故又称余弦加速度运动规律,其运动线图如图 4-9 所示。其位移线图的作法如下:

(1) 取横坐标轴代表凸轮转角 δ,纵坐标轴代表从动件位移 s_2。

(2) 选取适当的角度比例尺和长度比例尺,分别在 δ 轴上量取推程运动角 δ_0,在 s_2 轴上量取行程 h,以 h 为直径作一半圆;将 δ_0 进行若干等分(图中为 6 等分),将半圆等分成与 δ_0 相同的等分,过各等分点分别作水平线和铅垂线对应相交。

(3) 将各交点用光滑曲线连接,即得简谐运动规律的位移线图。

由加速度线图可知,此运动规律在行程的始末两点加速度不为 0,存在有限突变,故也存在柔性冲击,只适用于中速、中载场合。只有当从动件作无停留区间的升—降—升连续往复运动时,才可以获得连续的加速度曲线(图中虚线所示),运动中完全消除了柔性冲击,这种情况下可用于高速运动。

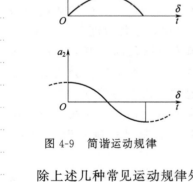

图 4-9 简谐运动规律

除上述几种常见运动规律外,工程中所采用的从动件运动规律越来越多,如摆线(正弦加速度)运动规律,复杂多项式运动规律等。设计凸轮时,应根据机器的工作要求,恰当地选择合适的运动规律。

课题三 用图解法设计盘形凸轮轮廓曲线

确定了从动件的运动规律、凸轮的转向和基圆半径后,便可设计凸轮的轮廓曲线。设

方法有图解法和解析法两种。图解法直观、简便，精度要求不高时经常应用；解析法精确但计算繁杂，随着计算机辅助设计及制造技术的进步和普及，应用日益广泛。本书只介绍图解法设计的原理和方法。

一、反转法原理

当凸轮机构工作时，凸轮和从动件都是运动的，为了在图纸上绘制凸轮轮廓曲线，应使凸轮与图纸平面相对静止。为此，一般采用反转法，其原理如下：

如图 4-10 所示为一对心直动尖顶从动件盘形凸轮机构。设想给整个凸轮机构加上一个公共角速度 $-\omega_1$，其结果是从动件与凸轮的相对运动并不改变，但凸轮固定不动，机架和导路以角速度 $-\omega_1$ 绕 O 点转动，同时从动件又以原有运动规律相对机架往复运动。由于尖顶始终与凸轮轮廓接触，所以反转后尖顶的运动轨迹就构成凸轮轮廓曲线。这种设计凸轮轮廓曲线的方法称为反转法。因机构中各构件的相对运动关系并未改变，所以又称为相对运动法。

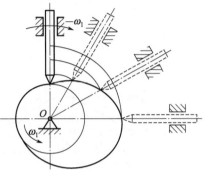

图 4-10 反转法原理

二、盘形凸轮轮廓设计

1. 对心直动尖顶从动件盘形凸轮轮廓设计

已知条件：凸轮以等角速度 ω_1 顺时针转动，基圆半径 $r_0=40\text{mm}$，从动件运动规律为：$\delta_0=120°$，$\delta_s=30°$，$\delta_h=120°$，$\delta_s'=90°$，从动件推程以等速运动规律上升，行程 $h=20\text{mm}$；回程以等加速等减速运动规律返回原处。设计步骤如下：

（1）选择长度比例尺 μ_s 和角度比例尺 μ_δ，作位移线图。取 $\mu_s=2\text{mm/mm}$，$\mu_\delta=6°/\text{mm}$。

按比例尺画出位移图如图 4-11(a) 所示。沿横轴将推程运动角进行若干等分（图中为 4 等分），回程运动角进行若干等分（图中为 6 等分），按前述作图法获得各转角相应的从动件位移 $11'$、$22'$、$33'$、…。

（2）用同样长度比例尺 μ_s 画基圆。如图 4-11(b) 所示，以 O 为圆心，以 $OB_0=r_0/\mu_s=40/2=20$（mm）为半径作基圆。确定从动件尖顶起始位置为 B_0，沿逆时针（$-\omega_1$）方向按位移图划分的角度将基圆进行相应等分，得 B_1'、B_2'、B_3'…。

（3）连接 OB_1'、OB_2'、OB_3'…，并延长各向径，取 $B_1'B_1=11'$、$B_2'B_2=22'$、$B_3'B_3=33'$…，得 B_1、B_2、B_3、…。

（4）将 B_0、B_1、B_2、…连成光滑的曲线，即为所求凸轮轮廓。

2. 对心直动滚子从动件盘形凸轮轮廓设计

如果将尖顶从动件改成 $r_T=8\text{mm}$ 的滚子从动件，需先将滚子中心看作尖顶从动件的尖顶，按前述方法作出轮廓曲线 β_0，β_0 称为理论轮廓曲线。如图 4-12 所示，在 β_0 上选取一系列的点作为圆心，以 $r_T/\mu_s=8/2=4$（mm）为半径作一系列的圆，再作这些圆的内包络线 β，β 即为所求凸轮的实际轮廓曲线。

由作图过程可知，滚子从动件盘形凸轮的基圆指的是理论轮廓的基圆。凸轮的实际轮廓

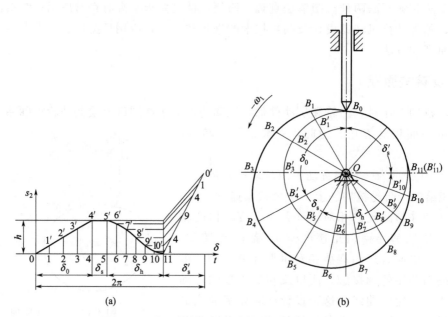

图 4-11 对心直动尖顶从动件盘形凸轮轮廓设计

曲线与理论轮廓曲线间的法向距离始终等于滚子半径，它们互为等距曲线。

3. 对心直动平底从动件盘形凸轮轮廓设计

平底从动件盘形凸轮轮廓的设计方法与上述类似。如图 4-13 所示，将平底与导路中心线的交点视为尖顶从动件的尖顶，按照尖顶从动件凸轮轮廓的设计方法，求出理论轮廓上的

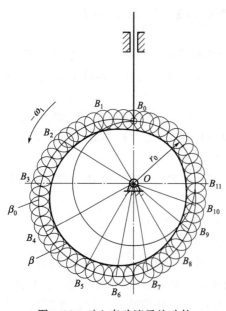

图 4-12 对心直动滚子从动件
盘形凸轮轮廓设计

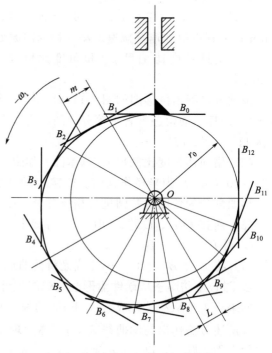

图 4-13 对心直动平底从动件
盘形凸轮轮廓设计

一系列点 B_1、B_2、B_3、…，再过这些点画出各个位置的平底，作与这些平底都相切的包络线，即为所求平底从动件盘形凸轮的实际轮廓。

由图可见，平底上与凸轮实际轮廓的切点位置是随导路在反转中的位置不同而改变的，从图上可以找出平底左右两侧距离导路中心最远的两个切点，取其长度值最大者为 $l_{max}=\max\{m, L\}$。为保证平底在所有位置都能与凸轮相切，一般取平底的长度为：$2l_{max}+(5\sim 7)$ mm。

4. 偏置直动尖顶从动件盘形凸轮轮廓设计

如图 4-14 所示，偏置直动尖顶从动件盘形凸轮机构与前述机构不同的是：从动件导路的轴线不通过凸轮的转动轴心 O，其偏距为 e，所以从动件在反转过程中，其导路轴线始终与以 e 为半径所作的偏距圆相切，因此从动件的位移应沿这些切线量取。在基圆上任取一点 B_0 作为从动件升程的起始点，并过 B_0 作偏距圆的切线，该切线即是从动件导路线的起始位置；由 B_0 点开始，沿 $-\omega_1$ 的方向将基圆进行与位移线图相同的等分，得各分点 B_1'、B_2'、B_3'…，过点 B_1'、B_2'、B_3'…作偏距圆的切线并反向延长，再在该延长线上顺次量取从动件各个对应点的位移，得点 B_1、B_2、B_3、…，将点 B_0、B_1、B_2、…连成光滑的曲线，即为所求凸轮轮廓。

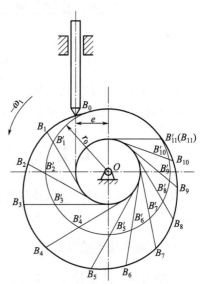

图 4-14　偏置直动尖顶从动件盘形凸轮轮廓设计

5. 摆动从动件盘形凸轮轮廓设计

摆动从动件的位移与直动从动件的位移是不同的，摆动从动件的位移是角位移，故其位移线图为 ψ-δ 图，凸轮轮廓的设计方法仍依据反转法原理。设已知凸轮基圆半径 $r_0=30$ mm，摆动从动件的长度 $L=40$ mm，摆动从动件的回转中心与凸轮轴心的中心距 $l_{OA}=50$ mm，$\delta_0=160°$，$\delta_s=0°$，$\delta_h=160°$，$\delta_s'=40°$，从动件以简谐运动上升，最大摆角 $\psi_{max}=30°$，又以简谐运动规律回到原位，凸轮逆时针转动，则设计步骤如下：

(1) 取角度比例尺 $\mu_\psi=3°$/mm，$\mu_\delta=10°$/mm，作位移线图，如图 4-15(a) 所示。

(2) 选取长度比例尺 $\mu_s=2$ mm/mm，如图 4-15(b) 所示，以 O 为圆心，以 $r_0/\mu_s=30/2=15$ (mm) 为半径作基圆，再以 $l_{OA}/\mu_s=50/2=25$ (mm) 为半径作从动件铰链 A 的中心圆，并在中心圆上选定起始点 A_0（习惯取水平位置）；以 $L/\mu_s=40/2=20$ (mm) 为半径作圆弧交基圆于 B_0 点，则 $\angle OA_0B_0=\psi_0$ 为从动件的起始角（摆动从动件在最低位置时与连心线 OA_0 的夹角）。

(3) 用反转法，从 A_0 开始，沿顺时针（$-\omega_1$）方向在中心圆上取与图 4-15(a) 中横坐标相对应的等分，得 A_1、A_2、A_3、…，这些点是反转时从动件回转中心 A 的各个对应位置。

(4) 作 $\angle OA_1B_1=\psi_0+\psi_1$、$\angle OA_2B_2=\psi_0+\psi_2$、…，且使 $A_1B_1=A_2B_2=\cdots=A_0B_0$（$\psi_1$、$\psi_2$、…，可用相应纵坐标乘以角度比例尺 μ_ψ 求得），得点 B_1、B_2、…。

(5) 用光滑曲线连接点 B_0、B_1、B_2、…，即为所求的凸轮轮廓曲线，如图 4-15(b) 所示。

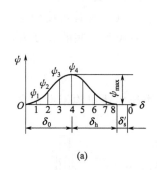
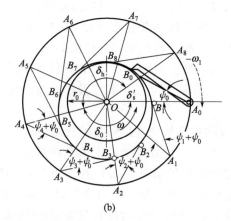

图 4-15 摆动从动件盘形凸轮轮廓设计

若采用滚子或平底从动件，则上述所得凸轮轮廓曲线即为理论轮廓曲线，仿照直动滚子或平底从动件作图方法可求出实际轮廓曲线。

课题四　设计凸轮机构应注意的问题

设计凸轮机构时，不仅要保证从动件能精确地实现预期的运动规律，还要求机构具有良好的传力性能，结构紧凑。因此，在设计凸轮机构时还应注意以下问题。

一、滚子半径的选择

当采用滚子从动件时，应注意滚子半径的选择，从减少凸轮与滚子间的接触应力来看，滚子半径越大越好，但必须注意，滚子半径增大后对凸轮实际轮廓曲线有很大影响。

如图 4-16 所示，设滚子半径 r_T，凸轮理论轮廓外凸部分的最小曲率半径为 $\rho_{\min}$，相应位置实际轮廓的曲率半径为 ρ_a，则 $\rho_a = \rho_{\min} - r_T$。

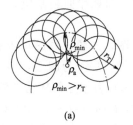
(a)
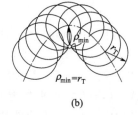
(b)
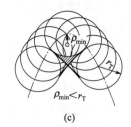
(c)

图 4-16 滚子半径的选择

当 $\rho_{\min} > r_T$ 时［见图 4-16(a)］，$\rho_a > 0$，实际轮廓为一平滑曲线。

当 $\rho_{\min} = r_T$ 时［见图 4-16(b)］，$\rho_a = 0$，在凸轮实际轮廓曲线上产生了尖点，这种尖点极易磨损，磨损后就会改变从动件原有的运动规律。

当 $\rho_{\min} < r_T$ 时［见图 4-16(c)］，$\rho_a < 0$，实际轮廓曲线出现交叉，图中阴影（剖面线）部分在实际加工时将被切去，致使从动件不能实现预期的运动规律，这种现象称为运动失真。

由此可见，对于外凸的凸轮轮廓，滚子半径应小于理论轮廓曲线的最小曲率半径，但滚子半径也不宜过小,否则凸轮与滚子接触应力过大且难于安装。因此,一般推荐 $r_T \leqslant 0.8\rho_{min}$。同时,由于凸轮基圆半径越大,则凸轮轮廓曲线的最小曲率半径也越大,所以也可按凸轮的基圆半径选取 r_T,通常取 $r_T \leqslant 0.4r_0$。为避免出现尖点,一般要求 $\rho_a > 3 \sim 5mm$。

对于内凹的凸轮轮廓,滚子半径的选择无此影响。

二、压力角的选择与检验

1. 压力角与传力性能的关系

凸轮机构传力性能的好坏与其压力角的大小有关。如图4-17所示,凸轮在某一位置时,从动件所受驱动力方向与它的运动方向之间所夹的锐角,称为凸轮机构的压力角,用 α 表示。将 F 分解为推动从动件运动的有效分力 F_t 和与从动件运动方向垂直的有害分力 F_n,则

$$\left.\begin{array}{l} F_t = F\cos\alpha \\ F_n = F\sin\alpha \end{array}\right\} \quad (4-4)$$

由式(4-4)可知,压力角 α 越大,有效分力越小,而有害分力越大。当 α 增大到某一数值时,F_n 在导路中产生的摩擦阻力大于有效分力 F_t,无论凸轮给从动件施加多大的力,从动件都不能运动,这种现象称为自锁。

由此可见,从改善受力情况、提高效率、避免自锁的观点看,压力角越小越好。可以证明,从机构尺寸紧凑的观点看,其压力角越大越好。

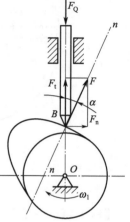

图4-17 凸轮机构的压力角

2. 压力角的许用值

为保证凸轮机构具有较高的传动效率,良好的传力性能,避免产生自锁,压力角不能过大,应有一许用值,用 $[\alpha]$ 表示,使 $\alpha_{max} \leqslant [\alpha]$。在一般工程设计中,推荐的许用压力角 $[\alpha]$ 为:

推程(工作行程):直动从动件 $[\alpha] = 30°$,摆动从动件 $[\alpha] = 45°$。

回程(空行程):从动件通常受弹簧力或重力的作用,因受力较小且无自锁问题,许用压力角可取得大些,通常 $[\alpha] = 80°$。

3. 压力角的检验

设计出凸轮轮廓后,为确保传力性能,通常需进行推程压力角的检验。凸轮轮廓曲线上各点压力角是变化的,最大压力角 α_{max} 一般出现在推程的起始位置、理论轮廓线上比较陡和从动件有最大速度的轮廓附近。检验压力角可能最大的几点即可,简单的方法是用量角器进行检验,如图4-18所示。

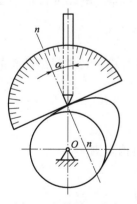

图4-18 检验压力角

如果检验结果超过许用值,可采用增大基圆半径或改用偏置凸轮机构的方法使压力角减小。直动平底从动件的凸轮机构,其压力角 α 始终为零,故传力性能最好。

三、基圆半径的确定

由前述可知,凸轮基圆半径的大小,直接影响到凸轮机构的外廓尺寸、传力性能及传动效率。因此,在设计凸轮机构时,应首先选取凸轮的基圆半径。目前,常采用以下两种方法

选取凸轮基圆半径：

1. 根据许用压力角确定 r_0

工程上常用图 4-19 所示的诺模图来确定基圆半径，或校核已知凸轮机构的最大压力角。图中上半圆的标尺代表凸轮的推程运动角，下半圆的标尺代表最大压力角，直径的标尺代表从动件运动规律 h/r_0 的值。

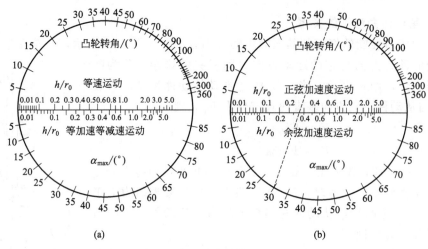

图 4-19　诺模图

【例 4-1】　一对心直动尖顶从动件盘形凸轮机构，已知凸轮推程运动角 $\delta_0=45°$，从动件按简谐运动规律上升，行程 $h=14\text{mm}$，并限定最大压力角 $\alpha_{\max}=[\alpha]=30°$，试确定凸轮的最小基圆半径。

解　（1）按从动件运动规律选用图 4-19(b) 所示的诺模图。

（2）根据已知条件将位于圆周上的标尺为 $\delta_0=45°$ 和 $\alpha_{\max}=[\alpha]=30°$ 的两点用一直线相连，如图 4-19(b) 中虚线所示。

（3）此虚线与余弦加速度运动规律的标尺相交，交点为 $h/r_0=0.35$。由此可得最小基圆半径为 $r_{0\min}=h/0.35=14\text{mm}/0.35=40\text{mm}$。

2. 根据凸轮的结构确定 r_0

根据许用压力角所确定的基圆半径一般都比较小，所以在实际设计中，还常根据凸轮的具体结构尺寸确定 r_0。

若凸轮与轴做成一体（凸轮轴），$r_0=r+r_\text{T}+(2\sim5)\text{mm}$；

若凸轮单独制造，$r_0=(1.5\sim2)r+r_\text{T}+(2\sim5)\text{mm}$。

式中，r 为轴的半径；r_T 为滚子半径，若为非滚子从动件凸轮机构，则 $r_\text{T}=0$。

课题五　凸轮机构的材料和结构

一、凸轮和滚子的材料

凸轮机构工作时，往往要承受冲击载荷，同时凸轮表面有严重的磨损，凸轮轮廓磨损后将导致从动件运动规律发生变化。因此要求凸轮表面硬度要高且耐磨，而芯部要有较好的韧性。

在低速（$n \leqslant 100 \text{r/min}$）、轻载的场合，凸轮采用 40、45 钢调质；在中速（$100\text{r/min} < n < 200\text{r/min}$）、中载的场合，采用 45 或 40Cr 钢表面淬火或 20Cr 钢渗碳淬火；在高速（$n \geqslant 200\text{r/min}$）、重载的场合，采用 40Cr 钢高频感应淬火。

滚子通常采用 45 钢或 T9、T10 等工具钢来制造；要求较高的滚子可用 20Cr 钢渗碳淬火处理。

二、凸轮和滚子的结构

1. 凸轮的结构

（1）凸轮轴　当凸轮尺寸小且接近轴径时，则凸轮与轴做成一体，称为凸轮轴，如图 4-20 所示。

汽车发动机使用整体式凸轮轴，凸轮轴长度取决于发动机总体布置。凸轮轴上的凸轮是影响发动机换气质量的关键性零件，其功能是用凸轮表面型线控制气门开闭，满足发动机对换气过程的需求。

图 4-20　凸轮轴

（2）整体式凸轮　当凸轮尺寸较小又无特殊要求或不需经常装拆时，一般采用整体式凸轮，如图 4-21 所示。其轮毂直径 d_H 约为轴径的 1.5～1.7 倍，轮毂长度 b 约为轴径的 1.2～1.6 倍。轴毂连接常采用平键连接。

（3）可调式凸轮　图 4-22 所示为凸轮片与轮毂分开的结构，利用凸轮片上的三个圆弧形槽来调节凸轮片与轮毂间的相对角度，从而调整凸轮推动从动件的起始位置。可调式凸轮的形式很多，其他结构参阅有关资料。

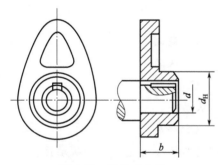

图 4-21　整体式凸轮

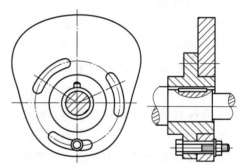

图 4-22　可调式凸轮

2. 滚子的结构

滚子的常见装配结构如图 4-23 所示，无论哪种装配结构形式，都必须保证滚子能相对于从动件自由转动。

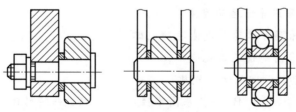

(a) 螺栓连接圆柱滚子　(b) 销连接圆柱滚子　(c) 销连接滚动轴承

图 4-23　滚子装配结构

习题

一、判断题

1. 凸轮机构中，从动件的运动可以是等速、变速、连续、间歇运动。（   ）
2. 从动件按等速运动规律运动时，推程起始点存在刚性冲击。（   ）
3. 从动件按简谐运动规律运动时，必然不存在刚性冲击和柔性冲击。（   ）
4. 凸轮机构中，从动件作等速运动规律的原因是凸轮作等速运动。（   ）
5. 凸轮机构的压力角越大，则有效分力越大。（   ）
6. 平底从动件凸轮机构，其压力角始终不变。（   ）
7. 当凸轮机构的压力角过大时，机构易出现自锁现象。（   ）
8. 滚子从动件盘形凸轮机构的基圆指的是实际轮廓的基圆。（   ）
9. 从动件按等加速等减速运动规律运动是指从动件在推程中按等加速运动，而在回程中则按等减速运动，且它们的绝对值相等。（   ）
10. 凸轮机构的图解法设计原理是采用反转法。（   ）

二、选择题

1. 组成凸轮机构的基本构件有_____个。
   A. 2　　　　　　　　　B. 3　　　　　　　　　C. 4
2. 与平面连杆机构相比，凸轮机构的突出优点是_____。
   A. 可以精确实现复杂的运动规律　　　　B. 能实现间歇运动
   C. 传力性能好
3. 凸轮轮廓与从动件之间组成_____。
   A. 转动副　　　　　　B. 移动副　　　　　　C. 高副
4. 凸轮机构中只适用于受力不大且低速场合的是_____从动件。
   A. 尖顶　　　　　　　B. 滚子　　　　　　　C. 平底
5. 凸轮机构中耐磨损又可承受较大载荷的是_____从动件。
   A. 尖顶　　　　　　　B. 滚子　　　　　　　C. 平底
6. 凸轮机构中可用于高速，但不能用于凸轮轮廓有内凹场合的是_____从动件。
   A. 尖顶　　　　　　　B. 滚子　　　　　　　C. 平底
7. 若要盘形凸轮机构的从动件在某段时间内停止不动，对应的凸轮轮廓应是_____。
   A. 一段直线　　　　　B. 一段抛物线　　　　C. 一段圆弧
8. 当从动件作无停留区间的升降连续往复运动时，采用_____才不会发生冲击。
   A. 推程和回程均采用等速运动规律
   B. 推程和回程均采用等加速等减速运动规律
   C. 推程和回程均采用简谐运动规律
9. _____决定从动件预定的运动规律。
   A. 凸轮轮廓曲线　　　B. 凸轮基圆半径　　　C. 凸轮转速
10. _____是影响凸轮机构结构尺寸大小的主要参数。
    A. 轮廓曲率半径　　　B. 基圆半径　　　　　C. 滚子半径

三、设计计算题

1. 设计一尖顶对心直动从动件盘形凸轮机构。已知凸轮顺时针匀速转动，基圆半径 $r_0=40\text{mm}$，从动件运动规律为：$\delta_0=150°$，$\delta_s=30°$，$\delta_h=120°$，$\delta_s'=60°$，从动件推程以等加速等减速运动规律上升，行程 $h=50\text{mm}$；回程以等速运动规律返回原处。

2. 设计一偏置直动滚子从动件盘形凸轮机构。已知凸轮顺时针匀速转动，偏距和滚子半径 $e=r_\text{T}=10\text{mm}$，从动件推程以简谐运动规律上升，回程以等速运动规律返回，其他条件同上题。

素养拓展

大国重器3

单元五

带传动和链传动

知识目标

掌握带传动特点及应用范围；

认识带传动的失效形式和弹性滑动现象；

掌握普通V型带和带轮的标准；

掌握带传动的设计方法。

技能目标

能熟练设计普通V型带传动；

具有查阅和分析手册及国家标准的基本能力。

带传动的类型及特点

笔记

课题一　带传动的类型和应用

如图5-1所示，带传动是由主动带轮1、从动带轮2和柔性传动带3组成。按带传动的工作原理将其分为摩擦型带传动和啮合型带传动。摩擦型带传动靠带与带轮接触面上的摩擦来传递运动和动力；啮合型带传动靠带齿与带轮齿之间的啮合来传递运动和动力，这种带传动称为同步带传动。

摩擦型带传动按其截面形状分为平带［图5-2(a)］、V带［图5-2(b)］、多楔带［图5-2(c)］、圆带［图5-2(d)］等。

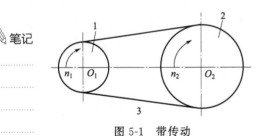

图5-1　带传动

1—主动带轮；2—从动带轮；3—柔性传动带

平带的截面为扁平矩形，其工作面是与带轮接触的内表面。它的长度不受限制，可依据需要截取，然后将两端连接到一起，形成一条环形带。主要用于两轴平行、转向相同的较远距离的传动。

V带的横截面形状为等腰梯形，其工作面是与带轮槽相接触的两侧面。由于轮槽的楔

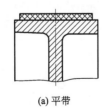

(a) 平带

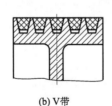

(b) V带

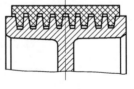

(c) 多楔带

(d) 圆带

图5-2　带的截面形状

形增压效应，在同样张紧的情况下，V 带传动产生的摩擦力比平带大，故传递功率也较大，应用也最广泛。

多楔带兼有平带挠性好和 V 带摩擦力较大的优点，适用于传递功率较大且要求结构紧凑的场合。由于多楔带的性能优于 V 带，所以汽车发动机附件也常采用多楔带。图 5-3 为捷达 5 气门发动机附件（发电机、空调压缩机和动力转向泵），采用双面多楔带传动。

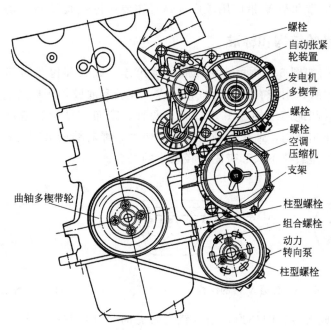

图 5-3　捷达 5 气门发动机多楔带传动

圆带的截面形状为圆形，其传动能力较小，常用于小功率传动，如缝纫机、牙科医疗器械等低速小功率场合。

同步带（齿形带）为啮合型传动带，其横截面为矩形，所以没有弹性打滑，可用于要求传动比准确、结构紧凑的场合。同步带薄而轻，强度高，带速可达 40m/s，传动比可达 10，传递功率可达 200kW；传动效率高，可接近 0.98。故多用于要求传动平稳、传动精度较高的场合。图 5-4 为捷达 2 气门发动机同步带传动图。发动机曲轴与凸轮轴间的传动（正时传动）一般均采用同步带传动。它不但保证了传动的精确性，而且噪声小、不需润滑。

带传动的优点是：结构简单，维护方便，制造和安装精度要求不高；带富有弹性，能缓冲吸振，运行平稳，噪声小；适合较大中心距的两轴间的传动。此外，当工作机械发生过载时，传动带可在带轮上打滑，可避免其他零件发生硬性损伤。

带传动的缺点是：不能确保两轴间的理论传动比，外廓尺寸大，传动效率较低，不适用于有易燃、易爆气体的场合中。由于带的抗拉强度小，不能传递大的功率，通常 $P \leqslant 50 \mathrm{kW}$；

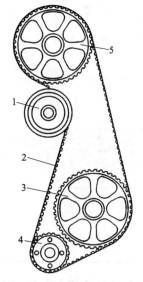

图 5-4　捷达 2 气门发动机
同步带传动
1—张紧轮；2—同步带；3—中间轴同步带轮；4—曲轴同步带轮；
5—凸轮轴同步带轮

不能一次变速很大,其传动比 $i \leqslant 7$,一般带速 $v = 5 \sim 25 \mathrm{m/s}$。

课题二　普通 V 带和 V 带轮

V 带按结构特点和用途不同可分为普通 V 带、窄 V 带、宽 V 带、汽车 V 带和大楔角 V 带等,其中以普通 V 带和窄 V 带应用较广,这里主要讨论普通 V 带传动。

一、普通 V 带的结构和标准

普通 V 带的结构如图 5-5 所示,由顶胶、抗拉体、底胶和包布四部分组成。包布是 V 带的保护层,要求耐磨,用带有橡胶的帆布制成。顶胶和底胶均用橡胶制成,抗拉体有帘布芯结构[图 5-5(a)]和绳芯结构[图 5-5(b)]两种。帘布芯结构制造较方便,抗拉强度较高,但柔韧性不如绳芯结构,适用于载荷较大的传动;绳芯结构柔韧性较好,但抗拉强度较低,适用于转速较高但载荷不大和带轮直径较小的场合。

V 带和
V 带轮

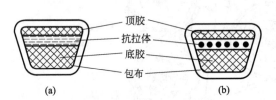

图 5-5　普通 V 带的结构

图 5-6　普通 V 带的节面

普通 V 带都制成无接头的环形,当带绕过带轮时,外层受拉伸长,内层受压缩短,处于两层之间部分必有一层既不伸长,也不缩短的中性层,称为节面,如图 5-6 所示。节面的宽度称为节宽,用 b_p 表示,当带受弯曲时,其节宽保持不变。普通 V 带按截面尺寸由小到大分为:Y、Z、A、B、C、D、E 七种型号,其中绳芯结构 V 带仅用在 Z、A、B、C 四种型号中,普通 V 带的截面尺寸见表 5-1。

表 5-1　普通 V 带的截面尺寸（摘自 GB/T 11544—2012）

类型	节宽 b_p/mm	顶宽 b/mm	高度 h/mm	单位长度质量 q/(kg/m)	楔角 α
Y	5.3	6.0	4.0	0.023	40°
Z	8.5	10.0	6.0	0.06	
A	11.0	13.0	8.0	0.105	
B	14.0	17.0	11.0	0.170	
C	19.0	22.0	14.0	0.300	
D	27.0	32.0	19.0	0.630	
E	32.0	38.0	23.0	0.970	

V 带轮轮槽上,和 V 带节宽 b_p 相等的宽度（用 b_d 表示）所在圆的直径,称为带轮的基准直径。V 带在规定的张紧力下,位于带轮基准直径上的周线长度称为节线长度,又称为带的基准长度,用 L_d 表示,普通 V 带的基准长度已经标准化,用于带传动的几何计算和带的标记,见表 5-2。

表 5-2　普通 V 带的基准长度（摘自 GB/T 11544—2012）　　　　　　　　mm

Y	Z	A	B	C	D	E
200	406	630	930	1565	2740	4660
224	475	700	1000	1760	3100	5040
250	530	790	1100	1950	3330	5420
280	625	890	1210	2195	3730	6100
315	700	990	1370	2420	4080	6850
355	780	1100	1560	2715	4620	7650
400	920	1250	1760	2880	5400	9150
450	1080	1430	1950	3080	6100	12230
500	1330	1550	2180	3520	6840	13750
	1420	1640	2300	4060	7620	15280
	1540	1750	2500	4600	9140	16800
		1940	2700	5380	10700	
		2050	2870	6100	12200	
		2200	3200	6815	13700	
		2300	3600	7600	15200	
		2480	4060	9100		
		2700	4430	10700		
			4820			
			5370			
			6070			

普通 V 带的标记由 V 带型号、基准长度和标准号组成，如：A 型普通 V 带，基准长度为 1100mm，其标记为

A1100 GB/T 11544—2012

二、普通 V 带轮的材料和结构

带轮的材料以铸铁为主，带速 $v<25\text{m/s}$ 时，可采用 HT150，$v=25\sim30\text{m/s}$ 时可用 HT200，速度更高时可采用铸钢。小功率时可用铝合金或工程塑料。

V 带轮基准直径用 d_d 表示。普通 V 带轮一般由轮缘、轮毂及轮辐（或腹板）组成。轮缘上制有轮槽，轮槽的结构尺寸和数目应与所用 V 带的型号、根数相对应。轮槽截面尺寸见表 5-3。因带绕过带轮时会产生横向弯曲，使带的楔角变小，为使带轮轮槽工作面和 V 带两侧面接触良好，一般轮槽制成后的槽角都小于 40°，带轮直径越小，带轮的槽角也越小。

表 5-3　普通 V 带轮轮槽截面尺寸（摘自 GB/T 13575.1—2008）　　　　　mm

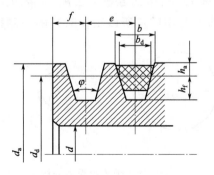

续表

槽型	b_d	h_{amin}	h_{fmin}	e	f_{min}	与 φ 相对应的 d_d			
						$\varphi=32°$	$\varphi=34°$	$\varphi=36°$	$\varphi=38°$
Y	5.3	1.60	4.7	8±0.3	6	≤60		>60	
Z	8.5	2.00	7.0	12±0.3	7		≤80		>80
A	11.0	2.75	8.7	15±0.3	9		≤118		>118
B	14.0	3.50	10.8	19±0.4	11.5		≤190		>190
C	19.0	4.80	14.3	25.5±0.5	16		≤315		>315
D	27.0	8.10	19.9	37±0.6	23			≤475	>475
E	32.0	9.60	23.4	44.5±0.7	28			≤600	>600

V 带轮的典型结构有三种：实心式、腹板式（或孔板式）和轮辐式，如图 5-7 所示。一般，当带轮基准直径较小时，采用实心结构，中等直径的带轮可采用腹板式结构，直径大于 350mm 时，可采用轮辐式结构。有关带轮的结构尺寸可参看《机械设计手册》。

(a) 实心式

(b) 腹板式

(c) 轮辐式

图 5-7　V 带轮的典型结构

课题三　带传动的工作能力分析

一、带传动的受力分析和打滑

为使带传动能正常工作，带安装时必须以一定的张紧力套在带轮上，传动带由于张紧而使两边所受到相等的拉力称为初拉力，用 F_0 表示，如图 5-8(a) 所示。

带正常工作时，主动带轮 O_1 对带的摩擦力 ΣF_t 与带的运动方向一致，从动轮 O_2 对带的摩擦力 ΣF_t 与带的运动方向相反。所以工作时带的一侧拉力变大，由 F_0 增加到 F_1，

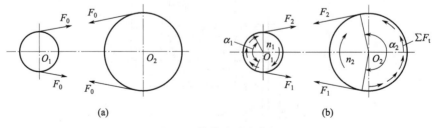

图 5-8　带传动受力分析

被拉紧的带称为紧边；另一边被放松，称为松边，拉力由 F_0 减小到 F_2，如图 5-8(b) 所示。紧边和松边的拉力差值 F 等于接触面间摩擦力的总和 $\sum F_t$，F 称为带传动的有效圆周力。即

$$F = F_1 - F_2 = \sum F_t \tag{5-1}$$

$$P = \frac{Fv}{1000} \tag{5-2}$$

式中　P——传递的功率，kW；

　　　v——带速，m/s；

　　　F——圆周力，N。

如果近似地认为带在工作时总长度不变，则带的紧边拉力的增加量应等于松边拉力的减少量，$F_1 - F_0 = F_0 - F_2$，即

$$F_1 + F_2 = 2F_0 \tag{5-3}$$

由式(5-1)、式(5-3) 得

$$\left. \begin{array}{l} F_1 = F_0 + \dfrac{F}{2} \\ F_2 = F_0 - \dfrac{F}{2} \end{array} \right\} \tag{5-4}$$

当初拉力 F_0 一定时，带与带轮面间摩擦力的总和有一个极限值，当带传递的载荷增大时，有效圆周力同步增大，当有效圆周力超过摩擦力的极限值时，带将在带轮上发生全面的滑动，这种现象称为打滑。打滑总是出现在小带轮上。打滑使传动失效，应予避免。但出现较长时间过载时，打滑可起到保护动力机的作用。

可以证明，最大有效圆周力随着初拉力 F_0、带与带轮之间的摩擦因数 f 以及小带轮包角 α_1 的增大而增大。所以，增大小带轮的包角 α_1 或增大摩擦因数 f、保证一定的张紧力是避免打滑的有效措施。而 F_0 和 f 不能太大，否则会降低传动带寿命。因此，设计时为了保证带具有一定的传动能力，要求 V 带在小带轮上的包角 $\alpha_1 \geqslant 120°$。

二、带传动的应力分析

带传动工作时，带中应力由下列三部分组成：

(1) 由拉力产生的拉应力　带传动工作时，紧边和松边的拉应力分别为 σ_1 和 σ_2。由于紧边和松边的拉力不同，故沿转动方向，绕在主动轮上带的拉应力由 σ_1 渐渐地降到 σ_2，绕在从动轮上带的拉应力则由 σ_2 渐渐上升为 σ_1。

(2) 由离心力产生的拉应力　工作时带随带轮作圆周运动，因本身质量而产生离心力，作用于带的全长，使带各横截面都产生拉应力 σ_c。带的质量越大，转速越快，σ_c 就越大，故传动带的速度不宜过高。高速传动时，应采用材质较轻的带。

(3) 由于弯曲变形而产生的弯曲应力　带绕过带轮时发生弯曲，从而引起弯曲应力。带越厚，带轮直径越小，则带所受的弯曲应力就越大。弯曲应力只发生在带的弯曲部分，且小带轮处的弯曲应力 σ_{b1} 大于大带轮处的弯曲应力 σ_{b2}，设计时应限制小带轮的最小直径 d_{dmin}。

上述三种应力在带上的分布情况如图 5-9 所示。各截面的应力大小由该处引出的径向线

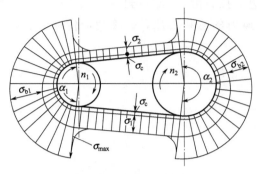

图 5-9 带的应力分布

段的长短表示。最大应力发生在紧边和小带轮接触处,其值为

$$\sigma_{max} = \sigma_1 + \sigma_c + \sigma_{b1} \quad (5-5)$$

由图 5-9 可见,带是在变应力作用下工作的,在带的任一截面上产生的应力随带的工作位置的改变而发生周期性变化,当应力循环次数达到一定值后,带将发生疲劳破坏。所以,为保证带传动正常工作,应在保证带传动不打滑的条件下,具有足够的疲劳寿命。

弹性滑动和打滑

三、带传动的弹性滑动和传动比

带为弹性体,受拉力后产生弹性变形。由于紧边和松边的拉力不同,因而弹性变形也不同。当带绕入主动轮时,带由紧边运动到松边,所受的拉力由 F_1 逐渐降低到 F_2,带的弹性变形量也随之逐渐减小,即带一方面由于摩擦力的作用随着带轮前进,同时又因弹性变形的减小而向后收缩,使带的速度小于主动轮的圆周速度。带与主动轮之间发生了相对滑动。同理,在从动轮上,带由松边运动到紧边,所受的拉力由 F_2 逐渐增加到 F_1,带的弹性变形量也随之逐渐增大,即带一方面由于摩擦力的作用随着带轮前进,同时又因弹性变形的增大而向前伸长,使带的速度大于从动轮的圆周速度。带与从动轮之间也发生了相对滑动。这种由于带的弹性变形和紧边、松边的拉力差而引起的滑动,称为弹性滑动。

弹性滑动是不可避免的,因为带传动工作时要传递圆周力,带的两边拉力必然不等,产生弹性变形量也不同,所以必然会发生弹性滑动。弹性滑动会使带磨损,从而降低带的寿命,并使从动轮的速度降低,影响传动比。打滑是由于过载引起的,是可以避免的。

虽然弹性滑动随所传递载荷的大小而变化,不是一个定值,影响带传动的传动比不能保持准确值,但实际上带传动正常工作时,弹性滑动所产生的影响一般情况下可略去不计,故带的传动比 $i = \dfrac{n_1}{n_2} = \dfrac{d_2}{d_1}$。

课题四　普通 V 带传动的设计

一、带传动的失效形式和设计准则

由带传动的工作情况分析可知,带传动的主要失效形式是带在带轮上打滑和疲劳破坏(脱层、撕裂或拉断)。因此,带传动的设计准则是:在保证带传动不打滑的前提下,同时具有一定的疲劳强度和使用寿命。

二、单根 V 带的基本额定功率

带传动的设计准则是以功率形式来描述的,即带所能传递的实际功率不能超过规定的极限功率值。由于带传动的极限功率与很多因素有关,为了设计方便,将包角为 180°($i=1$)、特定基准长度、载荷平稳时单根普通 V 带所能传递的额定功率 P_1 称为单根 V 带的基本额定功率，P_1 由实验得出，列于表 5-4。

表 5-4　特定条件下单根 V 带的基本额定功率 P_1　　　　　　　　　　kW

型号	小带轮基准直径 d_{d1}/mm	小带轮转速 n_1(r/min)											
		200	400	800	950	1200	1450	1600	1800	2000	2400	2800	3200
Z	50	0.04	0.06	0.10	0.12	0.14	0.16	0.17	0.19	0.20	0.22	0.26	0.28
	56	0.04	0.06	0.12	0.14	0.17	0.19	0.20	0.23	0.25	0.30	0.33	0.35
	63	0.05	0.08	0.15	0.18	0.22	0.25	0.27	0.30	0.32	0.37	0.41	0.45
	71	0.06	0.09	0.20	0.23	0.27	0.30	0.33	0.36	0.39	0.46	0.50	0.54
	80	0.10	0.14	0.22	0.26	0.30	0.35	0.39	0.42	0.44	0.50	0.56	0.61
	90	0.10	0.14	0.24	0.28	0.33	0.36	0.40	0.44	048	0.54	0.60	0.64
A	75	0.15	0.26	0.45	0.51	0.60	0.68	0.73	0.79	0.84	0.92	1.00	1.04
	90	0.22	0.39	0.68	0.77	0.93	1.07	1.15	1.25	1.34	1.50	1.64	1.75
	100	0.26	0.47	0.83	0.95	1.14	1.32	1.42	1.58	1.66	1.87	2.05	2.19
	112	0.31	0.56	1.00	1.15	1.39	1.61	1.74	1.89	2.04	2.30	2.51	2.68
	125	0.37	0.67	1.19	1.37	1.66	1.92	2.07	2.26	2.44	2.74	2.98	3.15
	140	0.43	0.78	1.41	1.62	1.96	2.28	2.45	2.66	2.87	3.22	3.48	3.65
	160	0.51	0.94	1.69	1.95	2.36	2.73	2.53	2.98	3.42	3.80	4.06	4.19
	180	0.59	1.09	1.97	2.27	2.74	3.16	3.40	3.67	3.93	4.32	4.54	4.58
B	125	0.48	0.84	1.44	1.64	1.93	2.19	2.33	2.50	2.64	2.85	2.96	2.94
	140	0.59	1.05	1.82	2.08	2.47	2.82	3.00	3.23	3.42	3.70	3.85	3.83
	160	0.74	1.32	2.32	2.66	3.17	3.62	3.86	4.15	4.40	4.75	4.89	4.80
	180	0.88	1.59	2.81	3.22	3.85	4.39	4.68	5.02	5.30	4.67	5.76	5.52
	200	1.02	1.85	3.30	3.77	4.50	5.13	5.46	5.83	6.13	6.47	6.43	5.95
	224	1.19	2.17	3.86	4.42	5.26	5.97	6.33	6.73	7.02	7.25	6.95	6.05
	250	1.37	2.50	4.46	5.10	6.04	6.82	7.20	7.63	7.87	7.89	7.14	5.60
	280	1.58	2.89	5.13	5.85	6.90	7.76	8.13	8.46	8.60	8.22	6.80	4.26
C	200	1.39	2.41	4.07	4.58	5.29	5.84	6.07	6.28	6.34	6.02	5.01	3.23
	224	1.70	2.99	5.12	5.78	6.71	7.45	7.75	8.00	8.06	7.57	6.08	3.57
	250	2.03	3.62	6.23	7.04	8.21	9.08	9.38	9.63	9.62	8.75	6.56	2.93
	280	2.42	4.32	7.52	8.49	9.81	10.72	11.06	11.22	11.04	9.50	6.13	—
	315	2.84	5.14	8.92	10.05	11.53	12.46	12.72	12.67	12.14	9.43	4.16	—
	355	3.36	6.05	10.46	11.73	13.31	14.12	14.19	13.73	12.59	7.98	—	—
	400	3.91	7.06	12.10	13.48	15.04	15.53	15.24	14.08	11.95	4.34	—	—
	450	4.51	8.20	13.80	15.23	16.59	16.47	15.57	13.29	9.64	—	—	—

当带传动的实际传动比、带长及包角与上述特定条件不同时，对查得的 P_1 值应加以修正。修正后的单根 V 带所能传递的功率，称为许用功率 $[P_1]$。实际条件下，单根 V 带所能传递的许用功率为

$$[P_1]=(P_1+\Delta P_1)K_\alpha K_L \tag{5-6}$$

式中　P_1——单根 V 带的基本额定功率；

　　　ΔP_1——基本额定功率增量，当 $i\neq 1$ 时，大带轮直径增大，带绕在大带轮上时的弯曲应力减小，带传动的承载能力提高，故带所能传递的功率增大，其值由表 5-5 查得；

　　　K_α——包角修正系数，见表 5-6；

　　　K_L——带长修正系数，见表 5-7。

表 5-5　单根普通 V 带额定功率增量 ΔP_1　　　　　　　　kW

型号	传动比 i	小带轮转速 n_1/(r/min)										
		400	700	800	950	1200	1450	1600	2000	2400	2800	3200
Z	1.35~1.50	0.00	0.01	0.01	0.01	0.02	0.02	0.02	0.03	0.03	0.04	0.04
	1.51~1.99	0.01	0.01	0.02	0.02	0.02	0.02	0.03	0.03	0.04	0.04	0.04
	≥2	0.01	0.02	0.02	0.02	0.03	0.03	0.03	0.04	0.04	0.04	0.05
A	1.35~1.51	0.04	0.07	0.08	0.08	0.11	0.13	0.15	0.19	0.23	0.26	0.30
	1.52~1.99	0.04	0.08	0.09	0.10	0.13	0.15	0.17	0.22	0.26	0.30	0.34
	≥2	0.05	0.09	0.10	0.11	0.15	0.17	0.19	0.24	0.29	0.34	0.39
B	1.35~1.51	0.10	0.17	0.20	0.23	0.30	0.36	0.39	0.49	0.59	0.69	0.79
	1.52~1.99	0.11	0.20	0.23	0.26	0.34	0.40	0.45	0.56	0.68	0.79	0.90
	≥2	0.13	0.22	0.25	0.30	0.38	0.46	0.51	0.63	0.76	0.89	1.01
C	1.35~1.51	0.27	0.48	0.55	0.65	0.82	0.99	1.10	1.37	1.65	1.92	2.14
	1.52~1.99	0.31	0.55	0.63	0.74	0.94	1.14	1.25	1.57	1.88	2.19	2.44
	≥2	0.35	0.62	0.71	0.83	1.06	1.27	1.41	1.76	2.12	2.47	2.75

表 5-6　包角修正系数 K_α

小轮包角 α_1/(°)	180	175	170	165	160	155	150	145
K_α	1	0.99	0.98	0.96	0.95	0.93	0.92	0.91
小轮包角 α_1/(°)	140	135	130	125	120	110	100	90
K_α	0.89	0.88	0.86	0.84	0.82	0.78	0.74	0.69

表 5-7　带长修正系数 K_L

Y		Z		A		B		C		D		E	
L_d	K_L	L_d	K_L	L_d	K_L	L_d	K_L	L_d	K_L	L_d	K_L	L_d	K_L
200	0.81	405	0.87	630	0.81	930	0.83	1565	0.82	2740	0.82	4660	0.91
224	0.82	475	0.90	700	0.83	1000	0.84	1760	0.85	3100	0.86	5040	0.92
250	0.84	530	0.93	790	0.85	1100	0.86	1950	0.87	3330	0.87	5420	0.94
280	0.87	625	0.96	890	0.87	1210	0.87	2195	0.90	3730	0.90	6100	0.96
315	0.89	700	0.99	990	0.89	1370	0.90	2420	0.92	4080	0.91	6850	0.99
355	0.92	780	1.00	1100	0.91	1560	0.92	2715	0.94	4620	0.94	7650	1.01
400	0.96	920	1.04	1250	0.93	1760	0.94	2880	0.95	5400	0.97	9150	1.05
450	1.00	1080	1.07	1430	0.96	1950	0.97	3080	0.97	6100	0.99	12230	1.11
500	1.02	1330	1.13	1550	0.98	2180	0.99	3520	0.99	6840	1.02	13750	1.15
		1420	1.14	1640	0.99	2300	1.01	4060	1.02	7620	1.05	15280	1.17
		1540	1.54	1750	1.00	2500	1.03	4600	1.05	9140	1.08	16800	1.19
				1940	1.02	2700	1.04	5380	1.08	10700	1.13		
				2050	1.04	2870	1.05	6100	1.11	12200	1.16		
				2200	1.06	3200	1.07	6815	1.14	13700	1.19		
				2300	1.07	3600	1.09	7600	1.17	15200	1.21		
				2480	1.09	4060	1.13	9100	1.21				
				2700	1.10	4430	1.15	10700	1.24				
						4820	1.17						
						5370	1.20						
						6070	1.24						

三、V 带传动的设计计算

带传动设计的原始参数：传动功率 P，两轮转速 n_1、n_2（或传动比 i），传动位置要求和工作条件等。

设计的主要内容：确定 V 带的型号、长度和根数；传动中心距；带轮的材料、结构和尺寸；带的初拉力和作用在轴上的载荷等。

V 带设计的一般步骤如下：

1. 确定计算功率 P_c

$$P_c = K_A P \tag{5-7}$$

式中 P——V 带传递的额定功率，kW；

　　　K_A——工况系数，查表 5-8。

表 5-8 工况系数 K_A

工况		K_A					
		空、轻载启动			重载启动		
		每天工作小时数/h					
		<10	10~16	>16	<10	10~16	>16
载荷变动最小	液体搅拌机、通风机和鼓风机（≤7.5kW）、离心式水泵和压缩机、轻载荷输送机	1.0	1.1	1.2	1.1	1.2	1.3
载荷变动小	带式输送机（不均匀载荷）、通风机（>7.5kW）、旋转式水泵和压缩机（非离心式）、发电机、金属切削机床、印刷机、旋转筛、锯木机和木工机械	1.1	1.2	1.3	1.2	1.3	1.4
载荷变动较大	制砖机、斗式提升机、往复式水泵和压缩机、起重机、磨粉机、冲剪机床、橡胶机械、振动筛、纺织机械、重载输送机	1.2	1.3	1.4	1.4	1.5	1.6
载荷变动很大	破碎机（旋转式、颚式等）、磨碎机（球磨、棒磨、管磨）	1.3	1.4	1.5	1.5	1.6	1.8

注：空、轻载启动——电动机（交流启动、三角启动、直流并励）、四缸以上的内燃机，装有离心式离合器、液力联轴器的动力机。重载启动——电动机（联机交流启动、直流复励或串励）、四缸以下的内燃机。

2. 选择 V 带型号

V 带型号可由计算功率 P_c 和小带轮转速 n_1 查图 5-10 选取。图中粗实斜直线之间为带

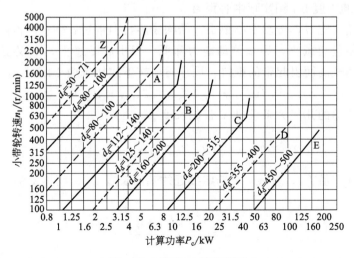

图 5-10 普通 V 带选型图

型区域,若所选带型临近两种型号的交界线时,可选取两种型号分别计算,优选较好的一种。

3. 确定带轮基准直径 d_{d1}、d_{d2}

小带轮直径 d_{d1} 是带传动最主要的设计参数。带轮直径越小,结构越紧凑,但弯曲应力越大,带的使用寿命越低;反之,带轮基准直径越大,带速增大,所需要带的根数减少,但传动所占空间就越大。设计时,应取小带轮的基准直径 $d_{d1} \geqslant d_{dmin}$。$d_{dmin}$ 值见表 5-9。大带轮基准直径 $d_{d2} = i d_{d1}$。圆整为系列值。

表 5-9 普通 V 带轮最小基准直径及带轮直径系列   mm

V 带型号		Y	Z	A	B	C	D	E
d_{dmin}		20	50	75	125	200	355	500
推荐直径		≥28	≥71	≥100	≥140	≥200	≥355	≥500
常用 V 带轮基准直径系列	Z	50,56,63,71,75,80,90,100,112,125,140,150,160,180,200,224,250,280,315,355,400,500,560,630						
	A	75,80,90,100,112,125,140,150,160,180,200,224,250,280,315,355,400,450,500,560,630,710,800						
	B	125,140,150,160,180,200,224,250,280,315,355,400,450,500,560,630,710,800,1000,1120						
	C	200,210,224,236,250,280,300,355,400,450,500,560,600,630,710,750,800,900,1000,1120,1250,1400,1600,2000						

4. 验算带速

$$v = \frac{\pi d_{d1} n_1}{60 \times 1000} \tag{5-8}$$

当传递功率一定时,增大带速,所需的有效圆周力将减小,可减少带的根数。但带速过高,会导致离心力增大,使摩擦力减小,传动能力反而降低,并影响带的使用寿命,所以,带速一般应在 5~25m/s 之间。

如果带速小于 5m/s,可适当加大小带轮直径,然后重新计算。

5. 确定带基准长度 L_d 和实际中心距 a

传动比和带速一定时,传动中心距小,结构紧凑,但带短,使绕转次数增多,从而降低带的寿命,同时使包角减小,导致传动能力降低。但中心距过大,不仅使传动结构尺寸增大,还会由于带速较高而引起带的颤抖。设计时可按下式初选中心距:

$$0.7(d_{d1} + d_{d2}) \leqslant a_0 \leqslant 2(d_{d1} + d_{d2}) \tag{5-9}$$

初选后按带传动的几何关系求出 V 带的长度 L_0:

$$L_0 = 2a_0 + \frac{\pi}{2}(d_{d1} + d_{d2}) + \frac{(d_{d2} - d_{d1})^2}{4a_0} \tag{5-10}$$

根据此带长计算值 L_0,查表 5-2 选定接近的基准长度 L_d,而传动的实际中心距可按下式计算

$$a \approx a_0 + \frac{L_d - L_0}{2} \tag{5-11}$$

考虑安装、调整和补偿张紧力的需要,中心距应有一定的调节范围,即

单元五　带传动和链传动

$$a_{\min}=a-0.015L_d \atop a_{\max}=a+0.03L_d \Big\} \quad (5\text{-}12)$$

6. 验算小带轮包角

$$\alpha_1=180°-\frac{d_{d2}-d_{d1}}{a}\times 57.3° \quad (5\text{-}13)$$

一般应使 $\alpha_1\geqslant 120°$，若不满足此条件，可增大中心距或减小两轮直径差。

7. 确定 V 带根数

$$z\geqslant\frac{P_c}{[P_1]}=\frac{P_c}{(P_1+\Delta P_1)K_\alpha K_L} \quad (5\text{-}14)$$

为使每根带受力均匀，带的根数不宜过多，应使 $z<8$ 且为整数。若计算所得结果超出范围，应改选 V 带型号后重新设计。

8. 单根 V 带的初拉力

$$F_0=500\frac{P_c}{zv}\left(\frac{2.5}{K_\alpha}-1\right)+qv^2 \quad (5\text{-}15)$$

式中　q——V 带单位长度的质量，见表 5-1。

9. 带传动作用在带轮轴上的压力

为了设计带轮轴和轴承，必须确定带传动作用在轴上的压力，可按下式近似计算：

$$F_Q=2zF_0\sin\frac{\alpha_1}{2} \quad (5\text{-}16)$$

10. 带轮结构设计

带轮结构设计参见《机械设计手册》，据此绘制带轮零件图。

【例 5-1】　设计一带式输送机用的普通 V 带传动，已知电动机额定功率 $P=5.5\text{kW}$，小带轮转速 $n_1=1440\text{r/min}$，大带轮转速 $n_2=740\text{r/min}$，三班制工作，要求结构尽量紧凑。

解　（1）确定计算功率 P_c

由表 5-8，得工况系数 $K_A=1.3$，故按式(5-7)

$$P_c=K_AP=1.3\times 5.5=7.15\text{（kW）}$$

（2）选择带型

根据计算功率 P_c 和小带轮转速 n_1，由图 5-10 选择 A 型带。

（3）确定 V 带基准直径

由图 5-10 并参照表 5-9，选取小带轮基准直径

$d_{d1}=112\text{mm}$

$d_{d2}=id_{d1}=1440/740\times 112=217.95\text{（mm）}$

由表 5-9，选取 $d_{d2}=224\text{mm}$

则大带轮的实际转速

$$n'_2=\frac{d_{d1}}{d_{d2}}n_1=\frac{112}{224}\times 1440=720\text{（r/min）}$$

转速误差为

$$\frac{n_2-n'_2}{n_2}\times 100\%=\frac{740-720}{740}\times 100\%=2.7\%$$

转速误差不超过±5%，合适。

(4) 验算带速

$$v = \frac{\pi d_{d1} n_1}{60 \times 1000} = \frac{\pi \times 112 \times 1440}{60 \times 1000} = 8.44 \ (\text{m/s})$$

速度 v 在 5~25m/s 之间，带速合适。

(5) 确定带基准长度 L_d 和实际中心距 a

由式(5-9) 　　　$0.7(d_{d1}+d_{d2}) \leqslant a_0 \leqslant 2(d_{d1}+d_{d2})$
　　　　　　　　$0.7 \times (112+224)\text{mm} \leqslant a_0 \leqslant 2 \times (112+224)\text{mm}$

所以有　　　　　$235.2\text{mm} \leqslant a_0 \leqslant 672\text{mm}$

初定中心距 $a_0 = 336\text{mm}$

由式(5-10) 计算相应的带长

$$L_0 = 2a_0 + \frac{\pi}{2}(d_{d1}+d_{d2}) + \frac{(d_{d2}-d_{d1})^2}{4a_0}$$

$$= 2 \times 336 + \frac{\pi}{2}(112+224) + \frac{(224-112)^2}{4 \times 336}$$

$$= 1208.82 \ (\text{mm})$$

由表 5-2，选取带的基准长度 $L_d = 1250\text{mm}$

由式(5-11)，计算实际中心距

$$a \approx a_0 + \frac{L_d - L_0}{2} = 336 + \frac{1250 - 1208.82}{2} = 356.59 \ (\text{mm})$$

取 $a = 357\text{mm}$

考虑安装、调整和补偿张紧力的需要，中心距应有一定的调节范围，由式(5-12) 得

$$a_{\min} = a - 0.015L_d = 357\text{mm} - 0.015 \times 1250\text{mm} = 338.25\text{mm}$$

$$a_{\max} = a + 0.03L_d = 357\text{mm} + 0.03 \times 1250\text{mm} = 394.5\text{mm}$$

笔记

(6) 验算小带轮包角

$$\alpha_1 = 180° - \frac{d_{d2}-d_{d1}}{a} \times 57.3° = 180° - \frac{224-112}{357} \times 57.3° = 162°$$

$\alpha_1 \geqslant 120°$，小带轮包角合适。

(7) 确定 V 带根数

查表 5-4，由插值法，$\frac{1440-1200}{1450-1200} = \frac{P_1 - 1.39}{1.61 - 1.39}$ 得 $P_1 = 1.6\text{kW}$，查表 5-5、表 5-6，由插值法得 $\Delta P_1 = 0.149\text{kW}$，$K_\alpha = 0.954$，查表 5-7，得 $K_L = 0.93$。

由式(5-14)，得

$$z \geqslant \frac{P_c}{[P_1]} = \frac{P_c}{(P_1 + \Delta P_1)K_\alpha K_L} = \frac{7.15}{(1.6+0.149) \times 0.954 \times 0.93} = 4.6$$

取 $z = 5$ 根。

(8) 单根 V 带的初拉力

由表 5-1，查得 A 型带的单位长度质量 $q = 0.105\text{kg/m}$，所以

$$F_0 = 500 \frac{P_c}{zv}\left(\frac{2.5}{K_\alpha} - 1\right) + qv^2 = 500 \times \frac{7.15}{5 \times 8.44} \times \left(\frac{2.5}{0.954} - 1\right) + 0.105 \times 8.44^2 = 144.7 \ (\text{N})$$

(9) 带传动作用在带轮轴上的压力

$$F_Q = 2zF_0 \sin\frac{\alpha_1}{2} = 2 \times 5 \times 144.7 \sin\frac{162°}{2} = 1429.2 \text{ (N)}$$

(10) 带轮结构设计（略）

课题五 带传动的张紧、安装和维护

一、带传动的张紧

由于传动带的材料不是完全的弹性体，因而工作一段时间后会因塑性伸长而松弛，使张紧力降低，从而使带传动的工作能力下降。为了保证带传动的传递能力和正常工作，需要设计张紧装置。常见的张紧装置有以下几种。

1. 调整中心距方式

(1) 定期张紧 如图 5-11(a) 所示滑道式张紧装置，通过调节螺钉调整安装在滑轨上的电动机的位置，以改变带传动的中心距，达到张紧的目的。这种方式适用于水平布置的带传动。图 5-11(b) 为摆架式张紧装置，电动机安装在可以绕支点摆动的支架上，通过调节螺杆的调整加大中心距，达到张紧目的，常用于近似垂直布置的带传动，此法需在调整好位置后锁紧螺母。

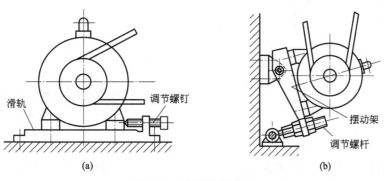

图 5-11 定期张紧装置

(2) 自动张紧 如图 5-12 所示，电动机安装在浮动的摆架上，靠电动机自重或配重使摆架绕支点摆动，自动调整中心距达到张紧的目的，此法常用于小功率带传动，近似垂直布置的情况。

2. 张紧轮方式

当带传动的中心距不可调节时，可以用张紧轮张紧 V 带，如图 5-13 所示。为使 V 带只受单向弯曲，张紧轮应安置在带的松边内侧，且靠近大带轮处，以免减小小带轮包角。汽车带传动张紧常采用张紧轮方式，为了增大包角，提高传动效率，张紧轮均放置在带的外侧，如图 5-3 和图 5-4 所示。

二、带传动的安装和维护

正确安装、使用和妥善保养，是保证带传动正常工作，延长传动带使用寿命的有效途径。一般应注意以下几点：

带传动的张紧、安装与维护

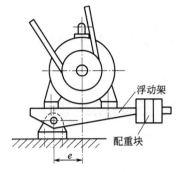

图 5-12　自动张紧装置

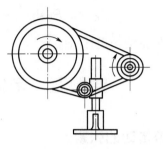

图 5-13　张紧轮装置

（1）安装时，两带轮轴线应相互平行，两轮相对应的 V 型槽应对齐，其误差不得超过 20′，如图 5-14 所示。

（2）安装 V 带时，应先缩小中心距，将 V 带套入轮槽，然后再调整中心距将 V 带张紧；不能将带强行撬入，以免损坏带的工作表面和降低带的弹性。

（3）安装时带的松紧应适当。过松，不能保证足够的张紧力，传动时易打滑，传动能力不能充分发挥；过紧，带的张紧力过大，传动时磨损加剧，寿命缩短。实践证明，在中等中心距情况下，V 带安装后，用大拇指能够将带按下 15mm 左右，则张紧程度合适，如图 5-15 所示。

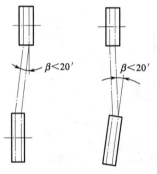

图 5-14　V 带轮的安装要求

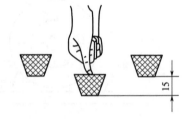

图 5-15　V 带的张紧程度

✏笔记

（4）多根 V 带传动时，为避免载荷分布不均，V 带的截型代号应相同，且生产厂家和批号也应相同。

（5）使用中应对带作定期检查，发现有一根带松弛或损坏就应全部更换新带，不能新旧带混用。旧带可通过测量，实际长度相同的，可组合在一起重新使用，以免造成浪费。

（6）为确保安全，带传动应设防护罩。

（7）传动带不宜与酸、碱或油接触，工作温度不宜超过 60℃，应避免日光直接暴晒。

课题六　链传动简介

一、链传动的特点

如图 5-16 所示，链传动通常是由分别安装在两根平行轴上的主动链轮、从动链轮和链条组成。它是靠链轮轮齿与链条的啮合来传递运动和动力的。

与带传动相比链传动有以下优点：

（1）由于是啮合传动，在相同的时间内，链条在两个链轮上转过的齿数是相同的，故能保证平均传动比恒定不变。

（2）链条安装时不需要初拉力，故工作时作用在轴上的力较带传动小，有利于延长轴承寿命。

（3）可在恶劣的环境下（如高温、多尘、油污、潮湿等）可靠地工作，故广泛用于汽车、农业、矿山、石油、化工、食品等行业。

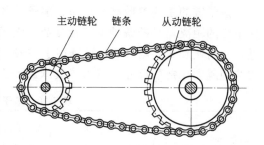

图 5-16　链传动

（4）链条本身强度高，能传递较大的圆周力，故在相同条件下，链传动装置的结构尺寸比带传动小，使用寿命长。

链传动的主要缺点是运行平稳性差，工作时不能保证恒定的瞬时传动比，故噪声和振动大，高速时尤其明显；对制造和安装的精度要求较带传动高；过载时不能起保护作用。

由于链传动的这些特点，它适用于两轴的中心距较大而又不宜用带传动或齿轮传动的场合中。链传动一般应用范围为：传递的功率 $P<100\text{kW}$，传动比 $i\leqslant 6$，链速 $v<15\text{m/s}$，中心距 $a<5\text{m}$，效率 $\eta\approx 0.92\sim 0.97$。

链传动是靠链条和链轮的啮合来传递运动和动力的，不需要很大的张紧力，其张紧的目的是避免链条磨损后，链节距伸长产生振动、跳齿和脱链。链传动一般通过调整链轮中心距和采用张紧轮来张紧链条。

二、滚子链和链轮

1. 滚子链

如图 5-17(a) 所示，滚子链由滚子 1、套筒 2、销轴 3、内链板 4 和外链板 5 组成。滚子与套筒、销轴与套筒间均为间隙配合；套筒与内链板、销轴与外链板间均为过盈配合。这样内、外链板构成铰链，以减少链条与链轮的磨损。为减轻重量和使链板各截面强度接近相等，链板制成 8 字形。滚子链使用时为封闭环形，当链节数为偶数时，链条一端的外链板正好与另一端的内链板相连，接头处用开口销或弹簧夹锁紧，如图 5-17(b) 所示。当链节数为奇数时，需采用过渡链节 [图 5-17(c)] 连接。链条长度以链节数表示，链条受拉时，过渡链节的弯链板受附加弯矩作用，因此应尽量避免使用奇数链节。

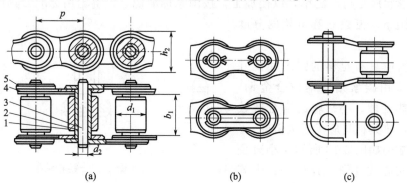

图 5-17　滚子链结构

1—滚子；2—套筒；3—销轴；4—内链板；5—外链板

滚子链的主要参数有节距 p、滚子外径 d_1 和内链节内宽 b_1。节距 p 是链条上相邻两销轴中心的距离,是链条基本特性参数。滚子链已经标准化,分 A、B 两个系列。A 级链用于重载、高速和重要场合,B 级链用于一般传动。其规格和主要尺寸见表 5-10。从表中可知链的节距越大,链的尺寸也越大,其承载能力也越高。

表 5-10 滚子链的规格和主要尺寸

链号	节距 p/mm	排距 p_t/mm	滚子外径 d_1/mm	内链节内宽 b_1/mm	销轴直径 d_2/mm	链板高度 h_2/mm	极限拉伸载荷 F_Q/N(单排)	每米质量 q/(kg/m)(单排)
05B	8.00	5.64	5.00	3.00	2.31	7.11	4400	0.18
06B	9.525	10.24	6.35	5.72	3.28	8.26	8900	0.40
08B	12.70	13.92	8.51	7.75	4.45	11.81	17800	0.70
08A	12.70	14.38	7.95	7.85	3.96	12.07	13800	0.60
10A	15.875	18.11	10.16	9.40	5.09	15.09	21800	1.00
12A	19.05	22.78	11.91	12.57	5.94	18.08	31100	1.50
16A	25.40	29.29	15.88	15.75	7.92	24.13	55600	2.60
20A	31.75	35.76	19.05	18.90	9.53	30.18	86700	3.80
24A	38.10	45.44	22.23	25.22	11.10	36.20	124600	5.60
28A	44.45	48.87	25.40	25.22	12.70	42.24	169000	7.50
32A	50.80	58.55	28.58	31.55	14.27	48.26	222400	10.10

滚子链有单排链和多排链,多排链用于较大功率传动,由于制造和装配误差,各排受载不易均匀,所以实际应用中一般不超过四排。

滚子链标记为:链号—排数×链节数　标准号

如 A 系列 10 号链,单排,86 节滚子链,表示为 10A—1×86　GB/T 1243—2006。

链条各元件的材料为经热处理的碳素钢或合金钢,具体牌号及热处理后的硬度值查阅有关标准。

2. 链轮

链轮的齿形应保证链轮与链条接触良好、受力均匀,链节能顺利地进入和退出与链齿的啮合,同时形状应尽可能简单,以便加工。按国家标准规定,链轮用标准刀具加工,只需给出链轮的节距 p、齿数 z 和链轮的分度圆直径 d。

链轮材料应具有足够的强度和良好的耐磨性,多用碳素结构钢或合金钢,齿面要经过热处理。小链轮的啮合次数比大链轮多,故其材料应优于大链轮。

链轮的结构如图 5-18 所示,小直径链轮可制成实心式 [图 5-18(a)];中等直径可制成孔板式 [图 5-18(b)];大直径的链轮常采用组合式结构 [图 5-18(c)],齿圈与轮芯可用不同材料制成,用螺栓连接,齿圈磨损后便于更换。

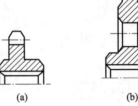
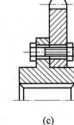

图 5-18 链轮结构

三、链传动的运动特性

链传动运行的不平稳性可通过主动链轮在两个特殊位置得出对链条运动速度的影响。设主动链轮的分度圆半径为 r_1，主动链轮的角速度为 ω_1，则主动链轮的分度圆的切线速度为 $v_1 = r_1 \omega_1$。

如图 5-19(a) 所示，当链轮的轮槽中心处于与铅垂线对称位置时，链条运行速度最小，$v = v_1 \cos \gamma$，铅垂速度分量最大。当链轮的轮槽中心处于铅垂对称线位置时 [图 5-19(b)]，链条运行速度最大，$v = v_1$，铅垂速度分量为零。

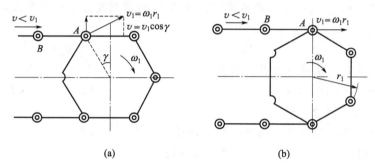

图 5-19　链条运动的不平稳性

由此可见，链的水平方向的分速度做周期性变化的同时，铅垂方向的分速度也在做周期性变化。这种由于链条绕在链轮上形成多边形啮合传动而引起传动速度不均匀的现象，是链传动固有的特性，是无法消除的，称为链传动的多边形效应。

在链条速度波动过程中，将产生加速度，并由此引发周期性的动载荷（惯性力），不可避免地要产生振动、冲击，因此，链传动不适用于高速传动。

习题

一、判断题

1. 带传动是通过带与带轮之间产生的摩擦来传递运动和动力的。（　　）
2. V 带的基准长度是指在规定的张紧力下，位于带轮基准直径上的周线长度。（　　）
3. V 带型号中，截面尺寸最小的是 Z 型。（　　）
4. 带传动正常工作时不能保证准确的传动比，是因为带在带轮上易打滑。（　　）
5. 在带传动中，弹性滑动是由于带与带轮之间的摩擦力不够大而造成的。（　　）
6. V 带传动中的弹性滑动是可以避免的。（　　）
7. 单根 V 带能够传递的功率是随着带的剖面型号的增大而增大。（　　）
8. 带传动中的打滑总是在小轮上先开始。（　　）
9. 在多根 V 带传动中，当一根带失效时，只需换上一根新带即可。（　　）
10. 带传动中，带的根数越多越好。（　　）
11. 由于链传动是啮合传动，在相同的时间内，两个链轮转过的链齿数是相同的，故能保证准确的传动比恒定不变。（　　）
12. 链的节距越大，链的尺寸也越大，其承载能力也越高。（　　）
13. 链条长度以链节数表示，用偶数节是为避免采用过渡链节。（　　）

14. 链传动产生冲击和振动，传动平稳性差，因此适用于低速传动。（　　）

二、选择题

1. V带传动的特点是_____。
   A. 缓和冲击，吸收振动　　B. 传动比准确　　C. 能用于环境较差的场合
2. 带传动中，在相同的初拉力条件下，V带比平带传动能力大的主要原因是_____。
   A. 带的强度高　　B. 没有接头　　C. 产生的摩擦力大
3. V带传动中，带截面楔角为40°，带轮的轮槽角应_____40°。
   A. 大于　　B. 等于　　C. 小于
4. 带传动中，v_1为主动轮圆周速度，v_2为从动轮圆周速度，v为带速，这些速度之间存在的关系是_____。
   A. $v_1=v_2=v$　　B. $v_1>v>v_2$　　C. $v_1<v<v_2$
5. 带传动工作时产生弹性滑动是因为_____。
   A. 带的紧边和松边拉力不等　　B. 带的初拉力不够
   C. 带和带轮间摩擦力不够
6. 带传动中，若小带轮为主动轮，则带的最大应力发生在带_____处。
   A. 进入主动轮　　B. 退出主动轮　　C. 进入从动轮
7. 对于V带传动，一般要求小带轮上的包角不得小于_____。
   A. 90°　　B. 120°　　C. 150°
8. 带传动采用张紧装置的主要目的是_____。
   A. 增大包角　　B. 保持初拉力　　C. 提高寿命
9. 当带速$v\leqslant 30\text{m/s}$时，一般采用_____材料制造带轮。
   A. 灰铸铁　　B. 铸钢　　C. 铝合金
10. V带型号的选择是依据_____和主动轮转速在V带选型图中选定的。
    A. 额定功率　　B. 计算功率　　C. 许用功率
11. 链传动和带传动相比较，其优点是_____。
    A. 能保持准确的传动比　　B. 工作时平稳、无噪声　　C. 寿命长
12. 链传动中作用在轴和轴承上的载荷比带传动要小，这主要是由于_____。
    A. 啮合传动，无需很大的初拉力
    B. 链速较高，在传递相同功率时，圆周力小
    C. 链传动只用来传递小功率
13. 链条的基本参数是_____。
    A. 节距p　　B. 滚子外径d_1　　C. 内链节内宽b_1
14. 链条中宜尽量避免使用过渡链节，主要是因为_____。
    A. 过渡链节制造困难　　B. 装配困难　　C. 链板要承受附加弯矩作用
15. 在链传动中，引起多边形效应的原因是_____。
    A. 链条绕入链轮成多边形状　　B. 链速太高
    C. 链条太长

三、设计计算题

设计某带式输送机传动系统中第一级用的普通V带传动。已知电动机额定功率$P=7\text{kW}$，转速$n_1=960\text{r/min}$，大带轮转速$n_2=330\text{r/min}$，两班制工作，试设计此V带传动。

单元六

齿轮传动

知识目标

掌握齿轮传动的类型及其特点；

掌握齿廓啮合基本定律；

熟悉渐开线的性质；

掌握直齿、斜齿圆柱齿轮传动正确啮合和连续传动条件；

熟练掌握直齿圆柱齿轮的参数计算；

了解直齿轮的常用切削加工方法、根切现象及最少齿数的概念；

掌握轮齿的失效形式及计算准则、材料选择及热处理方式；

熟练掌握直齿圆柱齿轮传动受力分析和设计计算。

技能目标

能够正确选择齿轮加工方法；

具备直齿圆柱齿轮的参数计算的能力；

具有直齿圆柱齿轮传动受力分析和设计计算的能力；

具有手册及国家标准查阅和分析的基本能力。

齿轮传动的特点及类型

笔记

课题一　齿轮传动的类型和特点

齿轮传动是现代机械中应用最广的一种传动形式。

按照两轴的相对位置不同，可将其分为平面齿轮传动和空间齿轮传动两大类。

两轴平行的齿轮传动称为平面齿轮传动或圆柱齿轮传动，见表 6-1；两轴不平行的齿轮传动称为空间齿轮传动，见表 6-2。

表 6-1　平面齿轮传动的类型、特点和应用

齿轮传动类型			图例	特点及应用
平面齿轮传动	直齿圆柱齿轮传动	外啮合		两齿轮的转向相反，结构较为简单，制造工艺成熟，使用寿命较长可用于各种减速器、变速器、机床、内燃机、车辆中

续表

齿轮传动类型		图例	特点及应用
平面齿轮传动	直齿圆柱齿轮传动 — 内啮合		两齿轮中一个是外齿轮,另一个是内齿轮,两齿轮的转向相同 常用于行星齿轮减速器中
	直齿圆柱齿轮传动 — 齿轮齿条啮合		可实现直线运动和转动的相互转化,齿条位移有限 可用于有运动转换要求的场合,如普通车床的进给传动系统
	斜齿圆柱齿轮传动 — 外啮合		不发生根切的齿数较少,重合度较大,相同体积时比直齿圆柱齿轮传递的功率大,有附加轴向力 可用于各种减速器、变速器、机床、汽车、轮船等机械中
	斜齿圆柱齿轮传动 — 内啮合		不发生根切的齿数较少,重合度较大,相同体积时比直齿圆柱齿轮传递的功率大,有附加轴向力 可用于各种减速器、变速器、机床、汽车、轮船等机械中
	人字齿轮传动		齿形如"人"字,相当于由两个螺旋线方向相反的斜齿轮拼接而成 常用于大功率的传动装置中,但加工困难,制造成本高

表 6-2 空间齿轮传动类型、特点和应用

齿轮传动类型		图例	特点及应用
锥齿轮传动	直齿锥齿轮		制造安装方便,传动平稳性差,承载能力低,有轴向力 应用于汽车差速器等需要改变两轴空间位置的机构中
	曲齿锥齿轮		齿轮沿母线成弯曲的弧面,传动平稳,承载能力高。常用于高速、重载场合
空间齿轮传动	准双曲面齿轮		准双曲面齿轮制造非常困难,其外形和曲齿锥齿轮很相像,但两轴线是空间交错的。其啮合是渐进接触,滑动速度较小,运转平稳性好,因而传动的效率较高,磨损较小。常用于汽车后桥中
交错轴齿轮传动	交错轴斜齿轮		由两个斜齿圆柱齿轮组成,其齿面为点接触,承载能力较小,两轮齿相对滑动速度较大,效率低。可用于两轴在空间成任意交错角,且轻载低速的场合
	蜗杆蜗轮		传动比大,传动平稳,具有自锁性,但效率较低,制造成本高。多用于两轴的交错角为 90°、传动比大、结构较为紧凑的场合,也可用于有自锁要求的场合

按照工作条件不同,齿轮传动可分为闭式传动和开式传动。闭式传动的齿轮密闭在刚性箱体内,润滑和工作条件良好,重要的齿轮传动都采用闭式传动;开式传动的齿轮是外露的,不能保证良好润滑,且易落入灰尘、杂质,故齿面易磨损,只宜用于低速传动。

此外齿轮传动还可按照速度快慢、载荷大小、齿廓曲线形状、齿面硬度进行分类。

齿轮传动与其他传动形式相比具有以下优点:运行平稳,能保证恒定的传动比;结构紧凑、工作可靠、寿命长、效率高;功率和速度的适用范围广;能实现平行、相交、交错的轴间传动。但齿轮传动的制造和安装精度要求高,故成本较高;不适用于中心距较大的传动。

课题二　渐开线齿廓

齿轮的轮齿齿廓(即外形)曲线并非随意选取的,为了保证齿轮传动的平稳性,对齿轮齿廓曲线的特性有一定的要求,即任一瞬时的传动比恒定。满足这一要求的齿廓曲线有渐开线、摆线、圆弧等,目前广泛用于各类机械的齿廓曲线是渐开线,这样的齿轮称为渐开线齿轮。

一、渐开线的形成及其性质

如图6-1(a)所示,当一直线L在半径为r_b的圆上作纯滚动时,其上任一点K的轨迹称为该圆的渐开线。该圆称为基圆,r_b称为基圆半径;直线L称为发生线。每个轮齿的两侧齿廓是由同一基圆上产生的两条形状相同、方向相反的渐开线组成的,如图6-1(b)所示。

由渐开线的形成过程可知,渐开线有如下性质:

(1) 发生线在基圆上滚过的长度等于基圆上被滚过的弧长,即$\overline{KN}=\overset{\frown}{AN}$。

(2) 因发生线在基圆上作纯滚动,KN是渐开线在K点的法线。所以,渐开线上任一点的法线必与基圆相切。换言之,基圆的切线必为渐开线上某点的法线。

(3) 渐开线的形状取决于基圆的大小。基圆不同,渐开线形状也不同,基圆越大,渐开线越平直,基圆半径无穷大时,渐开线成为直线,即渐开线齿条的齿廓。

(4) 由于渐开线是发生线从基圆向外伸展的,故基圆内无渐开线。

(5) 渐开线上各点的压力角不同,离基圆越远,压力角越大。

如图6-1(a)所示,渐开线上作用于任意点K的正压力F_n与该点速度v_K间所夹锐角α_K称为K点的压力角。$\angle KON=\alpha_K$,故

$$\cos\alpha_K=\frac{ON}{OK}=\frac{r_b}{r_K} \quad (6-1)$$

r_K为K点到轮心O的距离,r_K称为向径,r_b为基圆半径。因为r_b为定值,r_K为变值,故向径越大,压力角越大。基圆上的压力角为零度。

二、渐开线齿廓的啮合特性

1. 渐开线齿廓传动比恒定不变

图6-2所示为一对互相啮合的渐开线齿轮。E_1、E_2是一对在K点啮合的渐开线齿

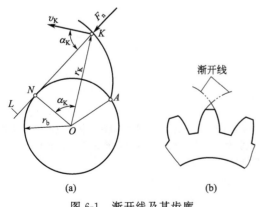

图6-1　渐开线及其齿廓

廓，它们的基圆半径分别为 r_{b1} 和 r_{b2}。当 E_1、E_2 在任意点 K 啮合时，过 K 点作这对渐开线齿廓的公法线，依据前述渐开线的特性，该线必与两基圆相切，切点为 N_1、N_2，N_1N_2 便是两基圆的内公切线。由于两基圆的大小和安装位置均固定不变，无论齿廓在何处接触（如在 K' 点），同一方向上的内公切线只有一条，所以它与两轮连心线 O_1O_2 的交点 C 必为定点。

可以证明：互相啮合传动的一对齿轮，在任一瞬时的传动比等于该瞬时两轮连心线被其啮合齿廓接触点的公法线所分割的两段长度的反比——齿廓啮合基本定律。

因此，对于渐开线齿廓的齿轮传动，其传动比必满足：

$$i_{12}=\frac{\omega_1}{\omega_2}=\frac{O_2C}{O_1C}=常数 \tag{6-2}$$

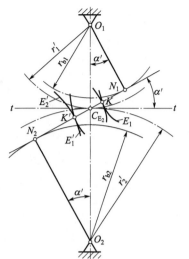

渐开线齿廓的啮合特性

图 6-2 渐开线齿廓的啮合

N_1N_2 与连心线 O_1O_2 的交点 C 称为节点，分别以 O_1、O_2 为圆心，以 O_1C、O_2C 为半径所作的圆称为节圆，r'_1、r'_2 为两轮的节圆半径。

2. 渐开线齿廓间正压力方向的不变性

两齿廓啮合时的接触点又称为啮合点。显然渐开线齿轮在啮合过程中，啮合点沿着两轮基圆的内公切线 N_1N_2 移动，N_1N_2 为啮合点的轨迹线，常称为啮合线。啮合线与两节圆内公切线 t-t 间的夹角 α' 称为啮合角。显然，啮合角 α' 的大小不变且恒等于节点 C 处的压力角，即

$$\cos\alpha'=\frac{r_{b1}}{r'_1}=\frac{r_{b2}}{r'_2} \tag{6-3}$$

啮合角 α' 不变，表示两啮合齿廓之间传递的压力一定沿着公法线 N_1N_2 的方向。这表明，一对渐开线齿轮在啮合时，无论啮合点在何处，其受力方向始终不变，从而使传动平稳。这是渐开线齿轮传动的一大优点。

3. 渐开线齿廓中心距的可分性

如图 6-2 所示，直角三角形 O_1N_1C 与直角三角形 O_2N_2C 相似，所以两轮的传动比还可以写为

$$i_{12}=\frac{\omega_1}{\omega_2}=\frac{O_2C}{O_1C}=\frac{r'_2}{r'_1}=\frac{r_{b2}}{r_{b1}}=常数 \tag{6-4}$$

上式说明，一对齿轮的传动比为两基圆半径的反比，而与中心距无关。因此，齿轮传动实际工作时，中心距由于制造、安装、受力变形等原因稍有变化，也不会改变两轮的传动比。渐开线齿轮传动的这一特性，称为中心距可分性。它给制造和安装带来了极大的方便，也是渐开线齿轮得到广泛应用的原因之一。

课题三 渐开线标准直齿圆柱齿轮的基本参数和几何尺寸

一、齿轮各部分的名称

图 6-3 为渐开线标准直齿圆柱齿轮的一部分。齿轮各部分的名称、符号和含义见表 6-3。

渐开线直齿圆柱齿轮的名称、参数及几何尺寸计算

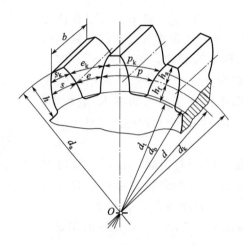

图 6-3 齿轮各部分名称和符号

表 6-3 齿轮各部分的名称、符号和含义

名称	符号	含义
轮齿		齿轮上的每一个用于啮合的凸起部分
齿槽		轮齿之间的空间部分
齿顶圆	直径 d_a、半径 r_a	以齿轮轴心 O 为圆心,过齿轮各轮齿顶端所作的圆
齿根圆	直径 d_f、半径 r_f	以齿轮轴心 O 为圆心,过齿轮各齿槽底部所作的圆
齿厚	s_k	在半径为 r_k 的任意圆周上,一个轮齿两侧齿廓间的弧长为该圆上的齿厚。从齿顶圆到齿根圆之间,不同圆上的齿厚是不等的
齿槽宽	e_k	在半径为 r_k 的任意圆周上,相邻两轮齿之间的弧长为该圆上的齿槽宽。从齿顶圆到齿根圆之间,不同圆上的齿槽宽是不等的
齿距	p_k	在半径为 r_k 的任意圆周上,相邻两轮齿同侧齿廓间的弧长为该圆上的齿距。在同一圆周上,齿距等于齿厚与齿槽宽之和,即 $p_k = s_k + e_k$
分度圆	直径 d、半径 r	在齿轮上取一个特定圆作为齿轮尺寸计算的基准,使这个圆上有标准模数和压力角。该圆上的所有尺寸和参数符号不带下标。其分度圆上的齿厚和齿槽宽相等,即 $s = e$;齿距、齿厚和齿槽宽的关系为: $p = s + e$
齿顶高	h_a	轮齿介于分度圆与齿顶圆之间的部分称为齿顶,其径向高度为齿顶高
齿根高	h_f	轮齿介于分度圆与齿根圆之间的部分称为齿根,其径向高度为齿根高
全齿高	h	齿顶圆与齿根圆之间的径向高度为全齿高,即 $h = h_a + h_f$
齿宽	b	齿轮的有齿部分沿齿轮轴线方向度量的宽度

二、齿轮的主要参数

1. 齿数 z

形状相同,沿圆周方向均匀分布的轮齿个数,称为齿数,用 z 表示。

2. 模数 m

由齿距的定义可知,分度圆周长为 $pz = \pi d$,得分度圆直径 $d = \dfrac{p}{\pi} z$,式中 π 为无理数,

为了计算和测量的方便，人为地规定 $\frac{p}{\pi}$ 的值为标准值，称为模数，用 m 表示，即 $m=\frac{p}{\pi}$，因此有

$$d=mz \tag{6-5}$$

表 6-4 为国标 GB/T 1357—2008 规定的标准模数系列，其单位为 mm。

表 6-4 标准模数系列

第一系列	1　1.25　1.5　2　2.5　3　4　5　6　8　10　12　16　20　25　32　40　50
第二系列	1.125　1.375　1.75　2.25　2.75　3.5　4.5　5.5(6.5)　7　9　11　14　18　22　28　36　45

注：1. 本表适用于渐开线圆柱齿轮，对斜齿轮指法向模数。
2. 优先采用第一系列，括号内的模数尽可能不用。

模数是齿轮的一个重要参数，直接影响齿轮的大小、轮齿齿形和齿轮的强度。模数越大，则轮齿越大，同齿数不同模数的齿轮大小的比较如图 6-4 所示。

3. 压力角 α

国家标准规定，渐开线齿轮分度圆上的压力角为标准值，$\alpha=20°$。

4. 齿顶高系数 h_a^* 和顶隙系数 c^*

齿顶高和齿根高都与模数成正比，所以，齿顶高 h_a 和齿根高 h_f 可分别表示为

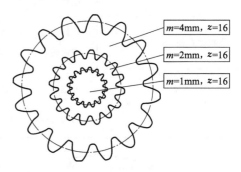

图 6-4 同齿数不同模数的齿轮大小的比较

$$\left.\begin{aligned} h_a &= h_a^* m \\ h_f &= h_a + c = (h_a^* + c^*)m \end{aligned}\right\} \tag{6-6}$$

式中，h_a^* 和 c^* 分别为齿顶高系数和顶隙系数。对于圆柱齿轮，我国标准规定：正常齿制齿轮，$h_a^*=1$，$c^*=0.25$；短齿制齿轮，$h_a^*=0.8$，$c^*=0.3$。

$c=c^* m$ 称为顶隙，是指当一对齿轮啮合时，一齿轮的齿顶与另一齿轮的齿根之间的径向间隙。它不仅可以避免传动时两轮齿啮合顶撞，而且还能贮存润滑油。

当齿轮的模数 m、压力角 α、齿顶高系数 h_a^*、顶隙系数 c^* 均为标准值，且分度圆上的齿厚 s 等于齿槽宽 e 时，这样的齿轮就称为标准齿轮。

三、齿轮的几何尺寸计算

标准直齿圆柱齿轮几何尺寸的计算公式列于表 6-5 中。其中基圆直径的计算公式可推导如下：

由式(6-1) 得 $r=\dfrac{r_b}{\cos\alpha}$，则 $r_b=r\cos\alpha$，所以

$$d_b=d\cos\alpha=mz\cos\alpha \tag{6-7}$$

表 6-5 标准直齿圆柱齿轮几何尺寸计算公式

名称	符号	计算公式
齿顶高	h_a	$h_a=h_a^* m$
齿根高	h_f	$h_f=h_a+c=(h_a^*+c^*)m$

续表

名称	符号	计算公式
全齿高	h	$h = h_a + h_f = (2h_a^* + c^*)m$
顶隙	c	$c = c^* m$
齿距	p	$p = \pi m$
齿厚	s	$s = p/2 = \pi m/2$
齿槽宽	e	$e = p/2 = \pi m/2$
分度圆直径	d	$d = mz$
基圆直径	d_b	$d_b = d\cos\alpha = mz\cos\alpha$
齿顶圆直径	d_a	外齿轮：$d_a = d + 2h_a = m(z + 2h_a^*)$ 内齿轮：$d_a = d - 2h_a = m(z - 2h_a^*)$
齿根圆直径	d_f	外齿轮：$d_f = d - 2h_f = m(z - 2h_a^* - 2c^*)$ 内齿轮：$d_f = d + 2h_f = m(z + 2h_a^* + 2c^*)$
标准中心距	a	外啮合：$a = \frac{1}{2}(d_1 + d_2) = \frac{1}{2}m(z_1 + z_2)$ 内啮合：$a = \frac{1}{2}(d_2 - d_1) = \frac{1}{2}m(z_2 - z_1)$

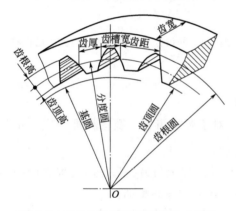

图 6-5 内齿轮的结构和几何尺寸关系

内齿轮的结构和几何尺寸关系如图 6-5 所示。

【例 6-1】 已知一标准直齿圆柱齿轮为主动轮，齿数 $z_1 = 20$，模数 $m = 2$mm，现需配一从动轮，要求传动比 $i = 3.5$，试计算从动齿轮的主要尺寸及两轮的中心距。

解 根据传动比计算从动轮齿数

$$z_2 = iz_1 = 3.5 \times 20 = 70$$

由上述公式计算从动轮主要尺寸

分度圆直径　　$d_2 = mz_2 = 2 \times 70 = 140$（mm）

齿顶圆直径　　$d_{a2} = m(z_2 + 2h_a^*) = 2 \times (70 + 2 \times 1) = 144$（mm）

齿根圆直径　　$d_{f2} = m(z_2 - 2h_a^* - 2c^*) = 2 \times (70 - 2 \times 1 - 2 \times 0.25) = 135$（mm）

基圆直径　　$d_{b2} = d_2 \cos\alpha = 140 \times \cos 20° = 131.56$（mm）

齿距　　$p = \pi m = 3.14 \times 2 = 6.28$（mm）

齿厚、齿槽宽　　$s = e = p/2 = 3.14$（mm）

全齿高　　$h = h_a + h_f = m(2h_a^* + c^*) = 2 \times (2 \times 1 + 0.25) = 4.5$（mm）

中心距　　$a = \frac{1}{2}m(z_1 + z_2) = \frac{1}{2} \times 2 \times (20 + 70) = 90$（mm）

四、标准直齿圆柱齿轮的公法线长度

齿轮在加工和检验中，常需测量齿轮的公法线长度，用以控制轮齿齿侧间隙公差。卡尺在齿轮上跨若干齿数 K 所量得齿廓间的法向距离，称为公法线长度，用 W 表示。如图 6-6 所示，卡尺跨测三个齿，与轮齿相切于 A、B 两点，则线段 AB 就是跨三个齿的公法线长度。根据渐开线的性质可得，$W=(3-1)p_b+s_b$，s_b 是基圆齿厚，当 $\alpha=20°$ 时，经推导可得齿数为 z 的公法线长度 W 的计算公式

$$W=m[2.9521(K-0.5)+0.014z] \quad (6\text{-}8)$$

式中，K 为跨测齿数；m 为齿轮模数。为保证测量准确，卡尺应与轮齿相切。对于标准齿轮，可按下式计算跨测齿数

$$K=0.111z+0.5 \quad (6\text{-}9)$$

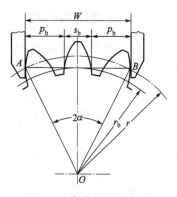

图 6-6 齿轮公法线长度

计算出的 K 应取整数代入式(6-8)求得 W 值。W 和 K 的值也可直接从《机械设计手册》中查得。

测量公法线长度适用于直齿圆柱齿轮，对于斜齿圆柱齿轮、锥齿轮及蜗轮，通常测量分度圆弦齿厚。

课题四　标准直齿圆柱齿轮的啮合传动

一、正确啮合条件

如图 6-7 所示，一对渐开线齿轮传动时，同时有两对齿轮参加啮合，前一对齿在 K 点接触，后一对齿在 K' 点接触。由于两轮齿廓的啮合点是沿啮合线 N_1N_2 移动的，只有当两轮相邻两齿的同侧齿廓间法向距离相等，即 $K'_1K_1=K'_2K_2$ 才能保证两齿轮能正确啮合。K'_1K_1 和 K'_2K_2 称为两齿轮的法向齿距，由渐开线性质得

$$K'_1K_1=p_{b1}=p_{b2}$$

式中，p_{b1}、p_{b2} 分别为两轮基圆上相邻两齿同侧齿廓间的弧长，称为基圆齿距。因基圆齿距 $p_b=\dfrac{\pi d_b}{z}=\pi m\cos\alpha$，将其带入上式可得

$$m_1\cos\alpha_1=m_2\cos\alpha_2$$

由于齿轮的模数和压力角都已标准化，所以要满足上式应使

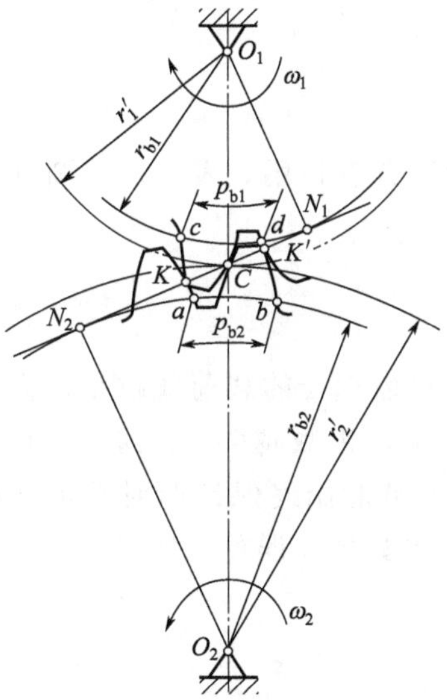

$$\left.\begin{array}{l} m_1=m_2=m \\ \alpha_1=\alpha_2=\alpha \end{array}\right\} \quad (6\text{-}10)$$

图 6-7　渐开线齿轮的正确啮合

即一对渐开线直齿圆柱齿轮的正确啮合条件是：两轮的模数和压力角应分别相等。

根据正确啮合条件，一对渐开线齿轮的传动比公式可以写为

$$i_{12}=\dfrac{\omega_1}{\omega_2}=\dfrac{r'_2}{r'_1}=\dfrac{r_{b2}}{r_{b1}}=\dfrac{d_{b2}}{d_{b1}}=\dfrac{d_2}{d_1}=\dfrac{z_2}{z_1} \quad (6\text{-}11)$$

二、连续传动条件

如图 6-8 所示,齿轮 1 为主动轮,齿轮 2 为从动轮。当两轮的一对轮齿开始啮合时,一定是主动轮的齿根推动从动轮的齿顶,因而开始啮合点是从动轮的齿顶圆与啮合线 N_1N_2 的交点 B_2。随着齿轮啮合传动的进行,啮合点将沿啮合线 N_1N_2 由 B_2 点向 B_1 点移动,当啮合点移至 B_1 点时,这对齿廓的啮合终止。B_1 点为主动轮的齿顶圆与啮合线 N_1N_2 的交点。从一对轮齿的啮合过程来看,啮合点实际走过的轨迹只是啮合线 N_1N_2 上的一段 B_1B_2,故将 B_1B_2 称为实际啮合线,N_1N_2 称为理论啮合线。

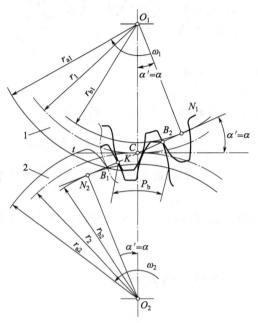

图 6-8 齿轮啮合传动过程

从上述一对轮齿的啮合过程可以看出,要保证齿轮能连续啮合传动,当前一对轮齿的啮合点到达 B_1 时,后一对轮齿必须提前或至少同时到达开始啮合点 B_2,这样传动才能连续进行。如果前一对轮齿的啮合点到达 B_1 点即将分离时,后一对轮齿尚未进入啮合,齿轮传动的啮合过程就出现不连续,并产生冲击。所以,保证一对齿轮能连续啮合传动的条件是:实际啮合线的长度 B_1B_2 应大于或等于齿轮的法向齿距 B_2K。因齿轮的法向齿距等于基圆齿距,所以有

$$B_1B_2 \geq p_b \text{ 或 } \frac{B_1B_2}{p_b} \geq 1$$

实际啮合线 B_1B_2 与基圆齿距 p_b 的比值称为齿轮传动的重合度,用 ε 表示。故渐开线齿轮连续传动的条件为

$$\varepsilon = \frac{B_1B_2}{p_b} \geq 1$$

ε 越大,意味着多对轮齿同时参与啮合的时间越长,每对轮齿承受的载荷就越小,齿轮传动也越平稳。对于标准齿轮,ε 的大小主要与齿轮的齿数有关,齿数越多,ε 越大。直齿圆柱齿轮传动的最大重合度 ε=1.982,即直齿圆柱齿轮传动不可能始终保持两对轮齿同时啮合。理论上只要 ε=1 就能保证连续传动,但因齿轮有制造和安装等误差,实际应使 ε>1。一般机械中常取 ε=1.1~1.4。

三、正确安装和标准中心距

一对标准齿轮啮合传动时,节圆与分度圆相重合的安装称为正确安装(标准安装),正确安装时的中心距称为标准中心距,用 a 表示,其计算公式见表 6-5。一对齿轮标准安装时,一齿轮的节圆齿厚等于另一齿轮的节圆齿槽宽,此时,两轮可实现无侧隙啮合。

在齿轮啮合传动中,为避免反向空程,减少撞击和噪声,保证传动精度,理论上齿轮传动应为无齿侧间隙啮合,但实际工作中,为了保证齿面润滑,避免齿轮运转发生热变形而卡

死以及补偿加工误差等方面的原因，在两轮的齿侧间留有微小的齿侧间隙，该间隙由制造公差予以控制，在设计计算齿轮尺寸时按无侧隙安装处理。

需要指出的是，分度圆和压力角是单个齿轮所具有的参数，节圆和啮合角是一对齿轮啮合时才出现的几何参数，单个齿轮不存在节圆和啮合角。

课题五　渐开线齿轮的加工方法及根切现象

一、齿轮轮齿的加工方法及其原理

渐开线齿轮轮齿的加工方法很多，有铸造、冲压、锻造、热轧和切削加工等，其中切削加工方法应用最普遍。切削加工法按其原理可分为仿形法和展成法两种。

渐开线齿轮轮齿的加工方法

1. 仿形法

仿形法是用轴向剖面形状与齿槽形状相同的圆盘铣刀［图 6-9(a)］或指状铣刀［图 6-9(b)］在普通铣床上铣出轮齿。铣齿时，铣刀绕自身轴线转动，轮坯沿自身轴线方向进给。铣出一个齿槽后，轮坯退回到原位，将其转过 $360°/z$，再铣下一个齿槽，直至全部齿槽加工完毕。加工模数和压力角相同而齿数不同的齿轮时，每一种齿数的齿轮就需要配一把铣刀，这是不经济也是不现实的。所以在实际生产中，为减少刀具数量，对于同一模数和标准压力角的铣刀，一般采用 8 把为一套，每把铣刀铣制一定范围齿数的齿轮，以适应加工不同齿数齿轮的需要，见表 6-6。

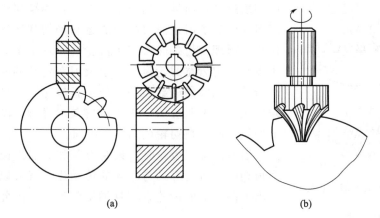

图 6-9　仿形法加工齿轮

表 6-6　铣刀加工齿轮的齿数范围

刀号	1	2	3	4	5	6	7	8
加工齿数范围	12～13	14～16	17～20	21～25	26～34	35～54	55～134	≥135

由于一把铣刀加工几种齿数的齿轮，表 6-6 中每号铣刀是按该组齿数中最少齿数的齿形制成的，因而对其余齿数的齿轮齿廓加工是近似的。因此，采用仿形法加工齿轮简单易行，但精度较低，且加工过程不连续，生产效率低下，故一般仅适用于修配及单件小批量生产的齿轮加工。

2. 展成法

展成法是目前齿轮加工中最常用的一种方法。它是利用一对齿轮互相啮合传动时其两轮齿廓互为包络线的原理来加工齿轮的。展成法切齿常用刀具有：齿轮插刀、齿条插刀及齿轮滚刀。

（1）齿轮插刀加工　如图 6-10 所示，齿轮插刀的外形就像一个具有刀刃的渐开线外齿轮。插齿时，刀具与轮坯之间的相对运动主要有：齿轮插刀与轮坯以恒定的传动比（由机床系统来保证）作展成运动（即啮合传动）；齿轮插刀沿着轮坯的轴线方向作往复切削运动；为了切出齿轮的高度，在切削过程中，齿轮插刀还需要向轮坯的中心移动，作径向进给运动；为了防止插刀退刀时擦伤已加工好的齿廓表面，在退刀时，轮坯还需作小距离的让刀运动。

（2）齿条插刀加工　如图 6-11 所示，齿条插刀加工齿轮的原理与用齿轮插刀加工相同，仅仅是展成运动变为齿条与齿轮的啮合运动。

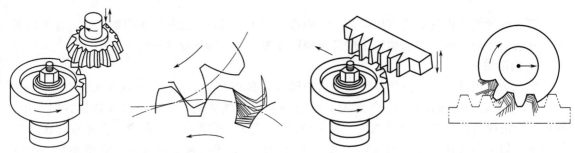

图 6-10　齿轮插刀加工齿轮　　　　　图 6-11　齿条插刀加工齿轮

（3）齿轮滚刀加工　如图 6-12 所示，滚刀形状像一个开有刀口的螺旋，且在其轴向剖面（即轮坯端面）内是一齿条，滚刀转动时，不仅产生连续的切削运动，而且还相当于一齿条在连续移动，即刀刃的螺旋运动代替了齿条插刀的展成运动和切削运动。所以其加工齿轮的原理与齿条插刀加工齿轮的原理基本相同。为了加工出具有一定齿宽的轮齿，要求滚刀在转动的同时，还要有一个沿轮坯轴线的进给运动。加工直齿轮时，滚刀轴线和轮坯端面之间的夹角应等于滚刀的螺旋升角 γ，以保证滚刀螺旋的切线方向与被切轮坯的齿向相同。

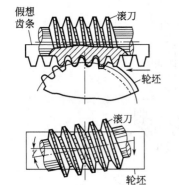

图 6-12　齿轮滚刀加工齿轮

展成法加工齿轮时，只要刀具和被加工齿轮的模数和压力角相同，改变刀具与轮坯的传动比，就可以用同一刀具加工出不同齿数的齿轮，而且加工效率高。因此，在大批量生产中广泛采用展成法。

二、根切现象与最少齿数

1. 根切现象

用展成法加工齿轮时，如果齿轮的齿数太少，则齿轮毛坯的渐开线齿廓根部会被刀具的齿顶切去一部分，如图 6-13 所示，这种现象称为根切。轮齿根切后，弯曲强度降低，重合度也将减小，使传动平稳性变差，因此在设计制造中应尽量避免发生根切。

2. 不产生根切的最少齿数

要避免根切，就必须使刀具的齿顶线与啮合线的交点 B_2 不超过 N_1 点，如图 6-14 所示，由图可知，当轮坯基圆半径越小，齿数越少，N_1 点就越接近 C，产生根切的可能性就越大。要避免根切，应使 $CN_1 \geqslant CB_2$，即

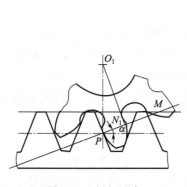
图 6-13 根切现象

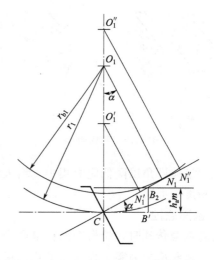
图 6-14 避免根切的条件

$$\frac{mz}{2}\sin\alpha \geqslant \frac{h_a^* m}{\sin\alpha}$$

得
$$z \geqslant \frac{2h_a^*}{\sin^2\alpha} \tag{6-12}$$

对于渐开线标准直齿圆柱齿轮，当 $\alpha=20°$，$h_a^*=1$（正常齿）时，$z_{\min}=17$；当 $\alpha=20°$，$h_a^*=0.8$（短齿）时，$z_{\min}=14$。

实际应用中，为了使齿轮传动装置结构紧凑，允许有少量根切，在传递功率不大时可选用 $z_{\min}=14$ 的标准齿轮。当 $z<17$、不允许根切时，可采用变位齿轮。

3. 变位齿轮

为加工出齿数少于最少齿数而又不根切的齿轮（如汽车上的机油泵齿轮），可将刀具向远离轮坯中心方向移动一段距离，使刀具顶线低于极限啮合点 N_1。这种通过改变刀具和轮坯相对位置的加工方法称为变位修正法。变位后加工出来的齿轮称为变位齿轮。变位除了使齿轮不发生根切外，还可以凑齿轮的中心距、改善齿轮的强度及实现齿轮的修复等。变位齿轮的设计计算可参考有关设计手册。

课题六　轮齿的失效形式和齿轮的材料

一、轮齿的失效形式

齿轮传动是由轮齿来传递运动和动力的，在使用期限内，防止轮齿失效是齿轮设计的依据。轮齿的主要失效形式有轮齿折断、齿面点蚀、齿面磨损、齿面胶合及齿面塑性变形等。

1. 轮齿折断

轮齿折断通常有两种情况，一种是疲劳折断，轮齿在变化的弯曲应力反复作用下，当应力值超过齿轮材料的弯曲疲劳极限时，轮齿根部就会产生疲劳裂纹，裂纹不断扩展致使轮齿

齿轮的失效形式

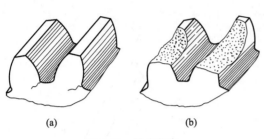

图 6-15 轮齿折断

疲劳折断，如图 6-15(a) 所示；另一种是过载折断，轮齿宽度较大的齿轮，由于制造、安装的误差，使其局部受载过大或受到强烈冲击载荷时发生的突然折断，如图 6-15(b) 所示。

轮齿折断是轮齿最严重的失效形式，会导致停机甚至造成严重事故。为提高轮齿抗疲劳折断能力，可采用适当的工艺措施，增大齿根部过渡圆角以降低应力集中，增大模数以加大齿根厚度，采用齿面喷丸处理和提高齿面加工精度等办法。

2. 齿面点蚀

齿轮啮合传动时，轮齿表面接触会产生很大的应力，此应力称为接触应力。当齿面脱离啮合后，接触应力为零。齿面在变化的接触应力反复作用下，齿面表层出现细微裂纹并逐渐扩展，最终使表层金属微粒剥落，形成麻点，称为齿面点蚀，一般发生在轮齿节线附近齿根一侧的表面上，如图 6-16 所示。

为防止齿面发生疲劳点蚀，可采用增大齿轮直径、提高齿面硬度、降低齿面粗糙度、选用黏度较高的润滑油等措施。

齿面点蚀常出现在润滑良好的闭式软齿面（硬度≤350HBS）齿轮传动中，开式齿轮传动由于润滑不良，灰尘、金属屑等杂质较多，致使磨损较快，难以形成点蚀。

3. 齿面磨损

齿面磨损常发生在开式齿轮传动中。当灰尘、砂粒、金属屑等杂物落入齿面间，齿轮啮合时使齿面产生磨损，导致渐开线齿形被破坏，轮齿变薄，引起噪声，甚至因齿厚减薄而间接发生轮齿折断，如图 6-17 所示。

采用闭式传动、提高齿面硬度、降低齿面粗糙度、保持良好的润滑等措施，可以减轻或防止磨损。

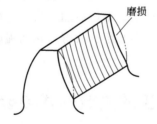
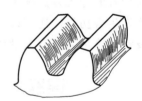

图 6-16 齿面点蚀　　图 6-17 齿面磨损　　图 6-18 齿面胶合

4. 齿面胶合

在高速重载的齿轮传动中，由于齿面间的压力较大，相对滑动速度较高，因而发热量大，使啮合区温度升高，高温使润滑油膜破裂而引起润滑失效，啮合区局部金属互相粘连，随着齿面的滑动，粘连处被撕脱而形成条状沟痕，称为胶合，如图 6-18 所示。低速重载的传动因不易形成油膜，也会出现胶合。

采用提高齿面硬度、降低齿面粗糙度、加强冷却而限制齿面温度、增加润滑油黏度、选用加有抗胶合添加剂的合成润滑油等方法，可以防止胶合的产生。

5. 齿面塑性变形

当轮齿材料较软而载荷较大时，轮齿材料因屈服产生塑性变形，导致主动轮齿面节线附近出现凹沟，从动轮齿面节线附近出现凸棱，如图 6-19 所示，齿面的正常齿形被破坏，影响齿轮的正常啮合，这种现象称为齿面塑性变形。这种失效常发生在有大的过载、频繁启动和齿面硬度较低的齿轮上。

为防止齿面的塑性变形，可采用适当提高齿面硬度、选用黏度较高的润滑油等方法。

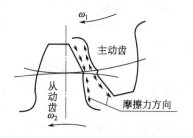

图 6-19　齿面塑性变形

二、齿轮传动的设计准则

齿轮的设计准则应根据轮齿的失效形式来确定。目前，对于齿面磨损、齿面塑性变形还没有较成熟的计算方法及设计依据。关于齿面胶合，我国虽已制订出渐开线圆柱齿轮胶合承载能力计算方法，但只在设计高速重载齿轮传动中才作胶合计算。对于一般齿轮传动，通常只按保证齿根弯曲疲劳强度以避免轮齿折断，以及保证齿面接触疲劳强度以避免齿面点蚀两准则进行设计计算。至于抵抗其他失效形式的能力，目前一般不进行计算，但应采取相应的措施增强轮齿抵抗这些失效的能力。

对于闭式软齿面（硬度小于 350HBW）齿轮传动，齿面点蚀是主要的失效形式，故应先按齿面接触疲劳强度进行设计计算，然后再校核齿根弯曲疲劳强度。

对于闭式硬齿面（硬度大于 350HBW）齿轮传动，轮齿折断是主要的失效形式，故应先按齿根弯曲疲劳强度进行设计计算，然后校核齿面接触疲劳强度。

对于开式（或半开式）齿轮传动或铸铁齿轮，通常按照齿根弯曲疲劳强度设计，确定齿轮的模数，考虑磨损因素，再将模数增大 10%～20%，而无需校核接触强度。

对齿轮的其他部分（如轮缘、轮辐、轮毂等）的尺寸，通常仅按经验公式作结构设计，不进行强度计算。

三、齿轮的常用材料及热处理

1. 对齿轮材料的基本要求

齿轮工作时，通过齿面的接触传递动力，轮齿承受很大的交变弯曲应力和接触应力，在相互啮合的齿面上会有强烈的摩擦，啮合不均匀时还会产生冲击力。为了使齿轮在使用期内不发生失效，齿轮一般都需经过适当的热处理，以提高承载能力和延长使用寿命，齿轮在热处理后应满足下列性能要求：

（1）轮齿表层应具有较高的硬度和良好的耐磨性，使其具有良好的抗疲劳点蚀能力。

（2）轮芯部应有足够的强度和韧性，使齿根具有良好的弯曲强度和抗冲击能力。

（3）应具有良好的加工工艺性能，使之易于达到所需加工精度及机械性能的要求。

2. 齿轮材料的选择

常用的齿轮材料是优质碳素钢和合金结构钢，其次是铸钢和铸铁。除尺寸较小普通用途的齿轮采用圆轧钢外，大多数齿轮都采用锻钢制造；对形状复杂、直径较大（$d_a \geqslant 500$mm）和不易锻造的齿轮，可采用铸钢；传递功率不大、低速、无冲击及开式齿轮传动中的齿轮，可选用灰铸铁。对高速、轻载及精度要求不高的齿轮，为减小噪声，也可采用非金属材料

（如塑料、尼龙、夹布胶木等）做成小齿轮，但大齿轮仍用钢或铸铁制造。

具体齿轮材料的选用，主要是根据齿轮工作时载荷的大小、转速的高低及齿轮的精度要求来确定。

载荷大小是指齿轮传递转矩的大小，通常以齿面上单位压应力作为衡量标志，一般分为轻载荷、中载荷、重载荷和超重载荷。

齿轮工作时转速越大，齿面和齿根受到的交变应力次数越多，齿面磨损越严重。因此，可把齿轮转动的圆周速度的大小作为材料承受疲劳和磨损的尺度，一般分为：低速齿轮（1~6m/s）、中速齿轮（6~10m/s）、高速齿轮（10~15m/s）。

齿轮的精度高，则齿形准确，公差小，啮合紧密，传动平稳且无噪声。机床齿轮精度一般为6~8级（高速）和8~12级（中、低速），汽车、拖拉机齿轮精度一般为6~8级。

(1) 轻载、低速或中速、冲击力小、精度较低的一般齿轮，常用的齿轮材料有35钢、45钢、35SiMn、40Cr等。常用正火或调质等热处理制成软齿面齿轮，调质后的硬度一般为200~280HBW。因硬度适中，精切齿廓可在热处理后进行，工艺简单、成本低。齿面硬度不高则易于磨合，但承载能力也不高。这种主要适用于标准系列减速器齿轮，冶金机械、中载机械和机床中的一些次要齿轮。

(2) 中载、中速、承受一定冲击载荷、运动较为平稳的齿轮，常用的齿轮材料有45钢、40Cr、42SiMn等。其最终热处理采用高频或中频淬火及低温回火，制成硬齿面齿轮，齿面硬度可达45~55HRC，齿轮芯部保持正火或调质状态，具有较好的韧性。感应加热表面淬火的齿轮变形小，若精度要求不高，可不必磨齿，机床中大多数齿轮是这种类型。

(3) 重载、高速或中速，且受较大冲击载荷的齿轮，常用的齿轮材料有20Cr、20CrMnTi等。其热处理采用渗碳淬火、低温回火，齿轮表面获得58~63HRC的高硬度，因淬透性较高，齿轮芯部有较高的强度和韧性。这种齿轮的表面耐磨性、抗接触疲劳强度和齿根的抗弯强度及芯部的抗冲击能力都比表面淬火的齿轮高，但热处理变形大，精度要求较高时，一般要安排磨削。它适用于工作条件较恶劣的汽车、拖拉机的变速箱和后桥齿轮。

3. 齿轮材料的热处理

(1) 正火处理　　正火处理可消除齿轮内部过大的应力，增加齿轮的韧性，改善材料的切削性能。正火处理常用于含碳量0.3%~0.5%的优质碳钢或合金钢制造的齿轮。正火齿轮的强度和硬度比淬火或调质齿轮低，硬度为163~217HBW。因此，对机械性能要求不高、不适合采用淬火或调质的大直径齿轮，常采用正火处理。

(2) 调质处理　　调质处理常用于含碳量0.3%~0.5%的优质碳素钢或合金钢制造的齿轮。调质处理可细化晶粒，并能获得很好的机械性能。一般经调质处理后，轮齿硬度可达220~285HBW，对尺寸较小的齿轮，其硬度可再高些。调质齿轮的综合性能比正火齿轮高，其屈服极限和冲击韧性比正火处理的可高出40%左右，强度极限与断面收缩率也高出5%~6%（对于碳钢）。调质齿轮在运行中易跑合、齿根强度裕量大、抗冲击能力强，重型齿轮传动中占有相当大的比重。为提高软齿面齿轮的抗胶合能力及考虑到小齿轮受载荷次数比大齿轮多，且小齿轮齿根薄，为使两齿轮的强度接近，常使小齿轮的齿面硬度比大齿轮的齿面硬度高30~50HBW，传动比大时，其硬度差还可更大些。

(3) 表面淬火　　齿轮经表面淬火后须进行低温回火，以便降低内应力和脆性，齿面硬度一般为45~55HRC。表面淬火齿轮承载能力高，并能承受冲击载荷。通常淬火齿轮的毛坯可先经正火或调质处理，以使轮齿芯部有一定的强度和韧度。

(4) 渗碳淬火　渗碳淬火齿轮常用含碳量为 0.10%～0.25% 的合金钢或高合金钢制造。渗碳淬火后，齿面硬度为 58～62HRC，一般需进行磨齿或珩齿消除热处理引起的变形。这类齿轮具有很高的接触强度和弯曲强度，并能承受较大的冲击载荷。各种载重车辆中的重要齿轮常进行渗碳淬火处理。

(5) 渗氮处理　渗氮是一种表面化学热处理。渗氮后不需要进行其他热处理，齿面硬度可达 700～900HV。由于渗氮处理后的齿轮硬度高，工艺温度低，变形小，故适用于内齿轮和难以磨削的齿轮。常用于含铅、钼、铝等合金元素的渗氮钢，如 38CrMoAl 等。

(6) 钢制齿轮的其他热处理方法　钢制齿轮还可采用整体淬火或氰化（碳氮共渗）等方法处理。整体淬火齿轮硬度较高，但变形大、韧性差、不耐冲击，故应用较少。氰化齿轮具有硬度高、耐磨性好、变形小、生产率高等优点，适用于碳钢和合金钢，但其硬化层较脆、不耐冲击，且氰有剧毒，须有安全设施。

常用的齿轮材料见表 6-7。

表 6-7　齿轮的常用材料

材料	牌号	热处理	硬度	应用范围
优质碳素钢	35	正火	150～180HBW	低速轻载，一般传动
		调质	190～230HBW	
	45	正火	169～217HBW	低速轻载
		调质	217～255HBW	低速中载
		表面淬火	48～55HRC	中速中载或低速重载，冲击很小
合金钢	20Cr	渗碳淬火	56～62HRC	高速中载（或重载），承受冲击
	40Cr	调质	240～260HBW	中速中载
		表面淬火	48～55HRC	高速中载，无剧烈冲击
	42SiMn	调质	217～296HBW	高速中载，无剧烈冲击
		表面淬火	45～55HRC	
	20CrMnTi	渗碳淬火	56～62HRC	高速中载（或重载），承受冲击
铸钢	ZG310～570	正火	160～210HBW	中速中载，大直径
		表面淬火	40～50HRC	
	ZG340～640	正火	170～230HBW	
		调质	240～270HBW	
球墨铸铁	QT500-5	正火	147～241HBW	低速轻载，一般传动
	QT600-2		220～280HBW	
灰铸铁	HT200	人工时效（低温退火）	170～230HBW	低速轻载，不重要传动
	HT300		187～255HBW	

课题七　标准直齿圆柱齿轮传动的强度计算

一、轮齿的受力分析

如图 6-20 所示，直齿圆柱齿轮在节点 C 所受啮合力为 F_n，若不计摩擦力，则 F_n 垂直

于齿面。将 F_n 分解为圆周力 F_t 和径向力 F_r，则

$$\left.\begin{array}{l}F_t = \dfrac{2T_1}{d_1} \\ F_r = F_t \tan\alpha \\ F_n = \dfrac{F_t}{\cos\alpha}\end{array}\right\} \quad (6\text{-}13)$$

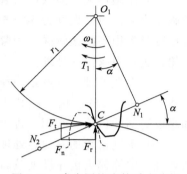

图 6-20 直齿圆柱齿轮受力分析

式中　T_1——主动轮传递的转矩，N·mm，$T_1 = 9.55 \times 10^6 \dfrac{P}{n_1}$；

　　　d_1——主动轮分度圆直径，mm；

　　　α——压力角，$\alpha = 20°$；

　　　P——主动轮传递的功率，kW；

　　　n_1——主动轮转速，r/min。

圆周力 F_t 的方向在主动轮上与啮合点速度方向相反，在从动轮上与啮合点速度方向相同；径向力 F_r 的方向分别由啮合点指向各自的轮心。

二、齿面接触疲劳强度计算

齿面点蚀主要是因为齿面接触应力过大而引起的，为防止齿面点蚀，就必须限制啮合齿面的接触应力。因齿面点蚀一般发生在节线附近，故取节点处的接触应力为计算依据，根据弹性力学的赫兹公式，导出一对钢制齿轮齿面接触疲劳强度的计算公式分别为

校核公式 　　　　　$\sigma_H = 668\sqrt{\dfrac{KT_1(u \pm 1)}{bd_1^2 u}} \leqslant [\sigma_H]$ 　　　　　(6-14)

设计公式 　　　　　$d_1 \geqslant \sqrt[3]{\dfrac{KT_1(u \pm 1)}{\psi_d u}\left(\dfrac{668}{[\sigma_H]}\right)^2}$ 　　　　　(6-15)

式中　σ_H——齿面最大接触应力，MPa；

　　　$\pm$——"+"用于外啮合传动，"-"用于内啮合传动；

　　　u——齿数比，为大齿轮齿数 z_2 与小齿轮齿数 z_1 之比值，其值恒大于 1；

　　　K——载荷系数，见表 6-8；

　　　b——齿轮的接触宽度，mm；

　　　d_1——小齿轮分度圆直径，mm；

　　　ψ_d——齿宽系数，$\psi_d = \dfrac{b}{d_1}$，见表 6-9；

　　　$[\sigma_H]$——许用接触应力，MPa。

表 6-8　载荷系数 K

原动机	工作机械的载荷特性		
	平稳和比较平稳	中等冲击	严重冲击
电动机、汽轮机	1～1.2	1.2～1.6	1.6～1.8
多缸内燃机	1.2～1.6	1.6～1.8	1.9～2.1
单缸内燃机	1.6～1.8	1.8～2.0	2.2～2.4

注：斜齿轮、圆周速度低、齿宽系数较小、轴承对称布置、齿轮精度较高，K 取较小值；直齿轮、圆周速度高、精度低、齿宽系数大、齿轮在两轴承间不对称布置，K 取较大值。

表 6-9 齿宽系数 ψ_d

轴承相对位置		软齿面	硬齿面
对称布置		0.8～1.4	0.4～0.9
非对称布置		0.6～1.2	0.3～0.8
悬臂布置		0.3～0.6	0.2～0.4

$$[\sigma_H] = \frac{\sigma_{Hlim} Z_{NT}}{S_H} \tag{6-16}$$

式中 S_H——接触疲劳强度安全系数，见表 6-10；

σ_{Hlim}——试验齿轮的接触疲劳极限应力，MPa，由图 6-21 查取；

Z_{NT}——接触疲劳寿命系数，由图 6-22 查取。

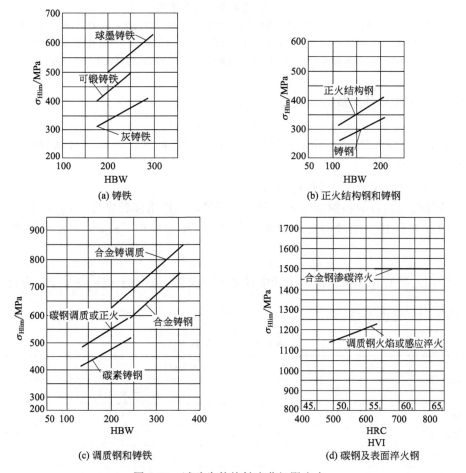

(a) 铸铁　　(b) 正火结构钢和铸钢

(c) 调质钢和铸铁　　(d) 碳钢及表面淬火钢

图 6-21 试验齿轮接触疲劳极限应力

表 6-10 安全系数 S_H、S_F

安全系数	软齿面	硬齿面	重要的齿轮传动、渗碳淬火或铸造齿轮
S_H	1.0~1.1	1.1~1.2	1.3
S_F	1.3~1.4	1.4~1.6	1.6~2.2

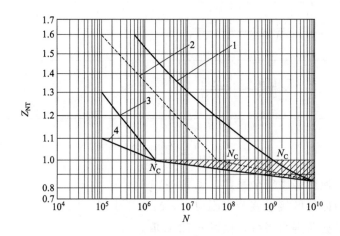

图 6-22 接触疲劳寿命系数

1—允许一定点蚀时的结构钢,调质钢,球墨铸铁(珠光体、贝氏体),珠光体可锻铸铁,渗碳淬火钢的渗碳钢;2—材料同1,不允许出现点蚀;火焰或感应淬火的钢;3—灰铸铁,球墨铸铁(铁素体),渗氮的渗氮钢,调质钢,渗碳钢;4—碳氮共渗的调质钢,渗碳钢

图中 N 为应力循环次数。

$$N = 60nrt_h \tag{6-17}$$

式中,n 为齿轮转速,r/min;r 为齿轮每转一周时同侧齿面的啮合次数;t_h 为齿轮的总工作小时数,h。

应用式(6-14)、式(6-15)时应注意:

(1) 两齿轮间的齿面接触应力 σ_{H1} 和 σ_{H2} 相等,但许用接触应力 $[\sigma_{H1}]$ 和 $[\sigma_{H2}]$ 一般不相等,因此在计算主动轮分度圆直径时,应将 $[\sigma_{H1}]$ 和 $[\sigma_{H2}]$ 中较小的值代入公式计算。

(2) 如齿轮配对并非钢对钢,则式中常数 668 应修正为 $668 \times \dfrac{Z_E}{189.8}$,$Z_E$ 为材料的弹性系数($\sqrt{\text{MPa}}$),见表 6-11。

表 6-11 弹性系数 Z_E

小齿轮材料	大齿轮材料			
	锻钢	铸钢	球墨铸铁	灰铸铁
锻钢	189.8	188.9	181.4	162.0
铸钢		188.0	180.5	161.4
球墨铸铁			173.9	156.6
灰铸铁				143.7

当一对齿轮的材料、齿宽系数、齿数比一定时,由齿面接触强度所决定的承载能力仅与齿轮的分度圆直径或中心距有关,即与 m、z 的乘积有关,而与 m 的大小无关。

三、齿根弯曲疲劳强度计算

在齿轮传动中,为防止齿根出现疲劳折断,必须进行齿根弯曲疲劳强度计算。为简化计算并考虑安全性,假设载荷作用于轮齿的齿顶,且全部载荷仅由一对轮齿承担。轮齿视为悬臂梁,齿根部产生的弯曲应力最大,定为危险截面,经推导整理可得齿根弯曲疲劳强度的计算公式如下:

校核公式
$$\sigma_F = \frac{2KT_1}{bm^2 z_1} Y_F Y_S \leq [\sigma_F] \qquad (6\text{-}18)$$

设计公式
$$m \geq \sqrt[3]{\frac{2KT_1}{\psi_d z_1^2} \times \frac{Y_F Y_S}{[\sigma_F]}} \qquad (6\text{-}19)$$

式中 σ_F——齿根最大弯曲应力,MPa;

Y_F——齿形系数,见表 6-12;

Y_S——应力修正系数,见表 6-12;

$[\sigma_F]$——齿轮的许用弯曲应力,MPa。

表 6-12 标准外齿轮的齿形系数 Y_F 及应力修正系数 Y_S

z	17	18	19	20	21	22	23	24	25	28
Y_F	2.97	2.91	2.85	2.80	2.76	2.72	2.69	2.65	2.62	2.55
Y_S	1.52	1.53	1.54	1.55	1.56	1.57	1.575	1.58	1.59	1.61
z	30	35	40	45	50	60	70	80	100	150
Y_F	2.52	2.45	2.40	2.35	2.32	2.28	2.24	2.22	2.18	2.14
Y_S	1.625	1.65	1.67	1.68	1.70	1.73	1.75	1.77	1.79	1.83

$$[\sigma_F] = \frac{\sigma_{Flim} Y_{NT}}{S_F} \qquad (6\text{-}20)$$

式中 σ_{Flim}——试验齿轮的弯曲疲劳极限应力,MPa,由图 6-23 查取;

Y_{NT}——弯曲疲劳寿命系数,由图 6-24 查取,图中应力循环次数 N 按式(6-17)计算;

S_F——弯曲疲劳强度安全系数,见表 6-10。

应用式(6-18)和式(6-19)时,应注意以下几点:

(1) 通常两个相啮合的齿轮的齿数是不相同的,故齿形系数 Y_F 和应力修正系数 Y_S 都不相等,而且齿轮的许用弯曲应力也不一定相等,因此,必须分别校核两齿轮的齿根弯曲疲劳强度。

(2) 在设计计算时,可将两齿轮的 $\dfrac{Y_F Y_S}{[\sigma_F]}$ 值进行比较,取其较大者代入式(6-19)中计算,计算所得模数应取标准值。

若一对齿轮的材料及热处理方法、齿宽系数及小齿轮齿数确定后,由齿根弯曲疲劳强度所决定的承载能力仅与模数有关。因此,提高齿根弯曲疲劳强度的有效办法之一是增大模数。

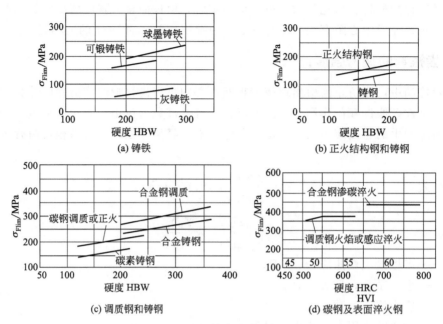

图 6-23 试验齿轮弯曲疲劳极限应力

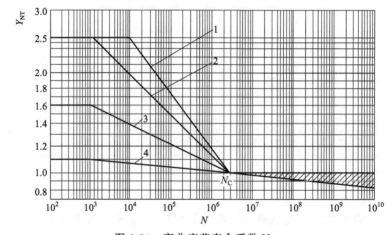

图 6-24 弯曲疲劳寿命系数 Y_{NT}

1—调质钢，球墨铸铁（珠光体、贝氏体），珠光体可锻铸铁；2—渗碳淬火的渗碳钢，火焰或感应
表面淬火的钢、球墨铸铁；3—渗氮的渗氮钢，球墨铸铁（铁素体），结构钢，灰铸铁；
4—碳氮共渗的调质钢、渗碳钢

四、齿轮强度计算中的参数及精度等级的选择

1. 参数选择

(1) 齿数 z 对于软齿面的闭式齿轮传动，在满足弯曲疲劳强度的条件下，宜选用较多齿数，一般取 $z_1 = 20 \sim 40$。因为当中心距确定后，齿数多则重合度大，可提高传动的平稳性。对于闭式硬齿面齿轮及开式（半开式）齿轮传动，其承载能力主要由齿根弯曲疲劳强度决定，故应具有较大的模数以保证齿根弯曲疲劳强度。为使轮齿不致过小，宜选用较少齿数，但要避免发生根切，一般取 $z_1 = 17 \sim 20$。

对于周期性变化的载荷，为避免最大载荷总是作用在某一对或某几对轮齿上而使磨损过于集中，z_1、z_2 应互为质数。这样实际传动比可能与要求的传动比有误差，但工程中允许传动比误差在±5％内。

(2) 模数　模数影响齿轮的抗弯强度，在满足齿根弯曲强度的条件下，宜取较小模数，以增大齿数，减少切齿量。对于传递动力的齿轮，为防止因过载而断齿，一般应使模数 m 不小于 1.5mm。

(3) 齿宽系数 ψ_d　齿宽系数是大齿轮齿宽和小齿轮分度圆直径之比，增大齿宽系数，可使传动结构紧凑，降低齿轮的圆周速度。但齿宽越大，载荷分布越不均匀。为便于安装和补偿轴向尺寸误差，小齿轮齿宽 b_1 比大齿轮齿宽 b_2 加大 5~10mm，但强度校核公式中的齿宽 b 按大齿轮齿宽 b_2 计算。

(4) 传动比 i　一般对于直齿圆柱齿轮，$i \leqslant 5$；斜齿圆柱齿轮 $i \leqslant 8$。需要更大传动比时，可采用二级或二级以上的传动。

2. 齿轮精度等级的选择

渐开线圆柱齿轮标准（GB/T 10095.1—2008）中规定了 12 个精度等级，第 1 级精度最高，第 12 级最低。一般机械传动中，齿轮常用的精度等级为 6~9 级。

齿轮精度等级的选择一般采用类比法，即根据齿轮传动的用途、使用要求和工作条件，查阅有关参考资料，参照经过实践验证的类似产品的精度进行选用。

高速、重载、分度等要求的齿轮传动用 6 级，如汽车、机床中的重要齿轮，分度机构的齿轮，高速减速器的齿轮等；高速中载或中速重载的齿轮传动用 7 级，如标准系列减速器的齿轮，汽车和机床变速箱中的齿轮等；一般机械中的齿轮传动用 8 级，如汽车、机床和拖拉机中的一般齿轮，起重机械中的齿轮，农业机械中的重要齿轮等；低速重载的齿轮，低精度机械中的齿轮等用 9 级。

齿轮精度等级选择参考表 6-13。

表 6-13　齿轮常用精度等级及应用

精度等级	圆周速度 $v/(m/s)$			应用举例
	直齿圆柱齿轮	斜齿圆柱齿轮	直齿圆锥齿轮	
6	$\leqslant 15$	$\leqslant 30$	$\leqslant 9$	精密机器、仪表、飞机、汽车、机床中的重要齿轮
7	$\leqslant 10$	$\leqslant 20$	$\leqslant 6$	一般机械中的重要齿轮；标准系列减速器；飞机、汽车、机床中的齿轮
8	$\leqslant 5$	$\leqslant 9$	$\leqslant 3$	一般机械中的齿轮；飞机、汽车、机床中不重要的齿轮；农业机械中的重要齿轮；普通减速器中的齿轮
9	$\leqslant 3$	$\leqslant 6$	$\leqslant 2.5$	工作要求不高的齿轮

3. 齿轮传动设计的一般步骤

(1) 根据给定的工作条件，选取合适的齿轮材料及热处理方法，确定出一对齿轮的硬度值和许用应力。

(2) 确定小齿轮齿数，按公式 $z_2 = i z_1$ 计算出 z_2，并圆整为整数，计算齿数比 u；选取齿宽系数 ψ_d。

(3) 根据设计准则进行设计计算。对于闭式软齿面齿轮传动，用公式(6-15)计算分度圆直径 d_1，确定齿轮传动参数和几何尺寸，再用公式(6-18)进行齿根弯曲疲劳强度校核；对于闭式硬齿面齿轮传动，用公式(6-19)计算模数 m，确定齿轮传动参数和几何尺寸，再用公式(6-14)校核齿面接触疲劳强度。

(4) 确定齿轮结构尺寸，绘制齿轮工作图。

【**例 6-2**】 设计一对单级直齿圆柱齿轮减速器的齿轮。已知：电动机驱动，转向不变，传动比 $i=4.8$，小齿轮转速 $n_1=960\text{r/min}$，功率 $P=5\text{kW}$，工作平稳，齿轮为对称布置，两班制工作，每班工作 8 小时，使用寿命 10 年，每年 300 工作日。

解 (1) 选择齿轮材料，确定许用应力

所设计的齿轮传动属于闭式传动，考虑此对齿轮传递的功率不大，通常采用软齿面的钢制齿轮，小齿轮选用 45 钢调质处理，硬度为 240HBW；大齿轮也用 45 钢，正火处理，硬度为 200HBW。

由图 6-21(c) 查碳钢调质或正火图线，得
$$\sigma_{\text{Hlim1}}=590\text{MPa},\ \sigma_{\text{Hlim2}}=550\text{MPa}$$
由图 6-23(c) 查碳钢调质或正火图线，得
$$\sigma_{\text{Flim1}}=225\text{MPa},\ \sigma_{\text{Flim2}}=210\text{MPa}$$
由式(6-17)计算应力循环次数 N
$$N_1=60nrt_h=60\times960\times1\times(16\times300\times10)=2.76\times10^9$$
$$N_2=\frac{N_1}{i}=\frac{2.76\times10^9}{4.8}=5.75\times10^8$$
由图 6-22 查得接触疲劳寿命系数 $Z_{\text{NT1}}=0.92$，$Z_{\text{NT2}}=1.03$
由图 6-24 查得弯曲疲劳寿命系数 $Y_{\text{NT1}}=0.85$，$Y_{\text{NT2}}=0.89$
由表 6-10，取 $S_H=1$、$S_F=1.3$
由式(6-16)计算许用接触应力

$$[\sigma_H]_1=\frac{\sigma_{\text{Hlim1}}Z_{\text{NT1}}}{S_H}=\frac{590\times0.92}{1}=542.8\ (\text{MPa})$$
$$[\sigma_H]_2=\frac{\sigma_{\text{Hlim2}}Z_{\text{NT2}}}{S_H}=\frac{550\times1.03}{1}=566.5\ (\text{MPa})$$
由式(6-20)计算许用弯曲应力
$$[\sigma_F]_1=\frac{\sigma_{\text{Flim1}}Y_{\text{NT1}}}{S_F}=\frac{225\times0.85}{1.3}=147.1\ (\text{MPa})$$
$$[\sigma_F]_2=\frac{\sigma_{\text{Flim2}}Y_{\text{NT2}}}{S_F}=\frac{210\times0.89}{1.3}=143.8\ (\text{MPa})$$

(2) 确定小齿轮齿数 z_1 和齿宽系数 ψ_d

取小齿轮齿数 $z_1=24$，则大齿轮齿数 $z_2=iz_1=4.8\times24=115.2$，圆整 $z_2=115$。

实际传动比
$$i_0=\frac{z_2}{z_1}=\frac{115}{24}=4.79$$

传动比误差
$$\frac{i-i_0}{i}=\frac{4.8-4.79}{4.8}\times100\%=0.2\%<5\%$$

由表 6-9 取 $\psi_d=0.8$（因软齿面及直齿轮关于轴承对称布置）

(3) 按齿面接触疲劳强度设计

闭式软齿面齿轮传动，按齿面接触疲劳强度设计公式(6-15)计算小齿轮分度圆直径。

小齿轮所受转矩 $T_1=9.55\times10^6\dfrac{P}{n_1}=9.55\times10^6\times\dfrac{5}{960}=49740$（N·mm）

按表 6-8，电动机驱动，载荷平稳，直齿轮，取 $K=1.2$；$u=i_0=4.79$

$$d_1\geqslant\sqrt[3]{\dfrac{KT_1(u+1)}{\psi_d u}\left(\dfrac{668}{[\sigma_H]}\right)^2}=\sqrt[3]{\dfrac{1.2\times49740\times(4.79+1)}{0.8\times4.79}\times\left(\dfrac{668}{542.8}\right)^2}=51.5\text{（mm）}$$

模数 $m=\dfrac{d_1}{z_1}=\dfrac{51.5}{24}=2.15$（mm）

由表 6-4 取标准模数 $m=2$（mm）

(4) 计算齿轮的几何尺寸

分度圆直径 $d_1=mz_1=2\times24=48$（mm）

$d_2=mz_2=2\times115=230$（mm）

中心距 $a=\dfrac{1}{2}(d_1+d_2)=\dfrac{1}{2}\times(48+230)=139$（mm）

齿宽 $b=\psi_d d_1=0.8\times48=38.4$（mm）

取 $b=b_2=40\text{mm}$，$b_1=b_2+5=45\text{mm}$。

(5) 校核弯曲疲劳强度

由表 6-12 得 $Y_{F1}=2.65$，$Y_{F2}=2.18$，$Y_{S1}=1.58$，$Y_{S2}=1.79$，由式(6-18) 得

$$\sigma_{F1}=\dfrac{2KT_1}{bm^2z_1}Y_{F1}Y_{S1}=\dfrac{2\times1.2\times49740}{40\times2^2\times24}\times2.65\times1.58=130.2\text{MPa}<[\sigma_{F1}]$$

$$\sigma_{F2}=\dfrac{2KT_1}{bm^2z_1}Y_{F2}Y_{S2}=\sigma_{F1}\dfrac{Y_{F2}Y_{S2}}{Y_{F1}Y_{S1}}=130.2\times\dfrac{2.18\times1.79}{2.65\times1.58}=121.3\text{MPa}<[\sigma_{F2}]$$

所以，齿根弯曲疲劳强度满足要求。

(6) 确定齿轮精度

齿轮的圆周速度

$$v=\dfrac{\pi d_1 n_1}{60\times1000}=\dfrac{3.14\times48\times960}{60\times1000}=2.4\text{（m/s）}$$

由表 6-13 可知，普通减速器选 8 级精度。

(7) 计算齿轮结构尺寸并绘制齿轮零件工作图（略）。

课题八　渐开线斜齿圆柱齿轮传动

一、斜齿圆柱齿轮齿面的形成与啮合特点

在讨论直齿圆柱齿轮的齿廓形成和啮合特点时，都是在齿轮端面进行的。由于齿轮具有一定的宽度，所以其齿廓应该是渐开线曲面。如图 6-25(a) 所示，直齿轮的齿廓曲面是发生面 S 绕基圆柱作纯滚动时，发生面上平行于基圆柱母线的直线在空间形成的渐开线曲面。如图 6-25(b) 所示，斜齿轮的齿廓曲面是发生面上与基圆柱母线成一夹角 β_b 的直线在空间

形成一渐开螺旋面。

由齿廓的形成过程可以看出，直齿圆柱齿轮由于轮齿齿向与轴线平行，在与另一个齿轮啮合时，沿齿宽方向的瞬时接触线是与轴线平行的直线。一对轮齿沿整个齿宽同时进入啮合和脱离啮合，致使轮齿受力和变形都是突然发生的，易引起冲击、振动和噪声，尤其在高速传动中更为严

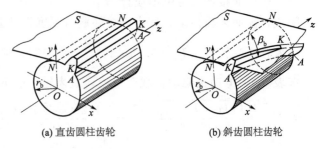

(a) 直齿圆柱齿轮　　(b) 斜齿圆柱齿轮

图 6-25　圆柱齿轮齿廓曲面的形成

重。而斜齿轮啮合传动时，齿面接触线与齿轮轴线相倾斜，一对轮齿是逐渐进入（或脱离）啮合，斜齿啮合的时间比直齿轮长，故斜齿轮传动平稳、噪声小、重合度大、承载能力强，适用于高速和大功率场合。斜齿轮传动中要产生轴向力，使轴承支承结构变得复杂。

二、斜齿圆柱齿轮的主要参数和几何尺寸计算

(1) 端面齿距 p_t、法面齿距 p_n 和螺旋角 β　图 6-26 为斜齿轮分度圆柱面的展开图，图中阴影线部分为被剖切轮齿，空白部分为齿槽。与齿轮轴线垂直的平面称为端面，该面上的参数称为端面参数；与齿线垂直的平面称为法面，其上的参数称为法面参数。p_t 和 p_n 分别为端面齿距和法面齿距，由图中几何关系可知

$$p_n = p_t \cos\beta \tag{6-21}$$

式中 β 为分度圆柱面上螺旋线的切线与齿轮轴线的夹角，称为斜齿轮的螺旋角，一般 $\beta = 8° \sim 20°$。根据螺旋线的方向，斜齿轮有左旋和右旋之分（图 6-27）。

笔记

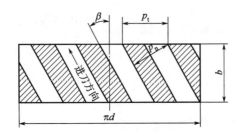

图 6-26　斜齿轮分度圆柱面展开图

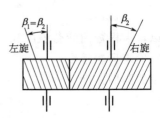

图 6-27　斜齿轮轮齿旋向

(2) 端面模数 m_t 和法面模数 m_n　因 $p = \pi m$，由式(6-21) 得

$$m_n = m_t \cos\beta \tag{6-22}$$

由于加工斜齿圆柱齿轮的轮齿时，齿轮刀具是沿轮齿的倾角方向进刀的，因此斜齿圆柱齿轮的齿槽，在法面内与标准直齿圆柱齿轮相同，规定斜齿轮的法面参数（m_n、α_n、h_{an}^*、c_n^*）为标准值。加工斜齿轮时，应按其法面参数选用刀具。法面模数 m_n 可由表 6-4 查得，法面压力角 $\alpha_n = 20°$，法面齿顶高系数 $h_{an}^* = 1$，法面顶隙系数 $c_n^* = 0.25$。斜齿轮的端面参数主要用于尺寸计算。

(3) 齿顶高系数和顶隙系数　因为轮齿的径向尺寸无论从端面还是从法面看都是相同的，所以，端面和法面的齿顶高、顶隙都是相等的，即

$$h_a = h_{an}^* m_n = h_{at}^* m_t, \quad c = c_n^* m_n = c_t^* m_t$$

$$h_f = (h_{at}^* + c_t^*)m_t = (h_{an}^* + c_n^*)m_n$$

因为 $m_n = m_t \cos\beta$

所以 $h_{at}^* = h_{an}^* \cos\beta, \quad c_t^* = c_n^* \cos\beta$ (6-23)

(4) 压力角 图6-28为斜齿条的一个齿，由图中的几何关系可以导出 α_n 和 α_t 的关系为

$$\tan\alpha_n = \tan\alpha_t \cos\beta \quad (6-24)$$

(5) 分度圆直径 $d = m_t z = \dfrac{m_n z}{\cos\beta}$ (6-25)

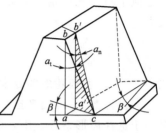

图 6-28 端面压力角和法面压力角

(6) 标准中心距

$$a = \frac{d_1 + d_2}{2} = \frac{m_t(z_1 + z_2)}{2} = \frac{m_n(z_1 + z_2)}{2\cos\beta} \quad (6-26)$$

(7) 齿顶圆直径 $d_a = d + 2h_a$ (6-27)

(8) 齿根圆直径 $d_f = d - 2(h_{at}^* + c_t^*)m_t$ (6-28)

(9) 基圆直径 $d_b = d\cos\alpha_t$ (6-29)

(10) 全齿高 $h = h_a + h_f = (2h_{an}^* + c_n^*)m_n$ (6-30)

三、斜齿圆柱齿轮的正确啮合条件

在端面内，斜齿圆柱齿轮和直齿圆柱齿轮一样，都是渐开线齿廓。因此一对斜齿圆柱齿轮传动时，必须满足：$m_{t1} = m_{t2}$，$\alpha_{t1} = \alpha_{t2}$；两齿轮的螺旋角 β 应大小相等，旋向相反。又由于斜齿圆柱齿轮的法向参数为标准值，故其正确啮合条件为：$m_{n1} = m_{n2} = m_n$，$\alpha_{n1} = \alpha_{n2} = \alpha_n$，$\beta_1 = \pm\beta_2$，式中"−"号用于外啮合，"+"号用于内啮合。

【例6-3】 在一对外啮合标准斜齿圆柱齿轮传动中，已知传动的中心距 $a=68$mm，齿数 $z_1=20$，$z_2=46$，法向模数 $m_n=2$mm。试计算其螺旋角 β、齿轮1的分度圆直径 d_1、齿顶圆直径 d_{a1} 及齿根圆直径 d_{f1} 的大小。

解 由式(6-26)得 $\cos\beta = \dfrac{m_n}{2a}(z_1 + z_2) = \dfrac{2}{2 \times 68} \times (20 + 46) = 0.97059$

所以 $\beta = 13.93°$

由式(6-25)得 $d_1 = \dfrac{m_n z_1}{\cos\beta} = \dfrac{2 \times 20}{\cos 13.93°} = 41.212$ (mm)

由式(6-27)得 $d_{a1} = d_1 + 2m_n = 41.212 + 2 \times 2 = 45.212$ (mm)

由式(6-28)得 $d_{f1} = d_1 - 2.5m_n = 41.212 - 2.5 \times 2 = 36.212$ (mm)

四、斜齿轮的当量齿数

用仿形法加工斜齿轮时，盘形铣刀的刀刃应位于轮齿的法面内，并沿着螺旋线方向进刀。因此，选择铣刀的号码应按法向齿形来确定。为此必须虚拟一个与斜齿轮的法向齿形相同的直齿圆柱齿轮，这个齿轮称为斜齿轮的当量齿轮，当量齿轮的齿数称为当量齿数，用 z_v 表示。

如图6-29所示，对斜齿圆柱齿轮任一轮齿作螺旋线的法面 nn，它与分度圆柱的交线为一椭圆，此椭圆在 P 点的曲率半径为 ρ，以 ρ 为半径作圆，假想为直齿圆柱齿轮的分度圆，取斜齿轮的法面模数 m_n 为标准模数，按标准压力角 α 作一个直齿圆柱齿轮，则该齿轮的齿

形近似于斜齿轮的法向齿形,该齿轮即为当量齿轮,其当量齿数为

$$z_v = \frac{z}{\cos^3\beta} \tag{6-31}$$

式中 z——斜齿轮的实际齿数。

当量齿数 z_v 可用来选择铣刀号码,计算斜齿轮轮齿的强度时用于选择齿形系数,用式(6-31)求出的当量齿数往往不是整数,但使用时不需要圆整。

标准斜齿轮不发生根切的最小齿数可由其当量直齿轮的最小齿数计算出来:

$$z_{\lim} = z_{v\lim}\cos^3\beta = 17\cos^3\beta \tag{6-32}$$

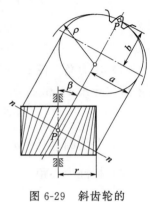

图 6-29 斜齿轮的当量齿轮

由此可见,斜齿圆柱齿轮不发生根切的最少齿数小于17,这是斜齿轮传动的优点之一。

五、斜齿圆柱齿轮传动的强度计算

1. 受力分析

图 6-30 为斜齿圆柱齿轮的主动轮受力情况。齿轮上作用转矩 T_1,忽略摩擦力,则作用在齿轮上的法向力 F_n(垂直于齿廓)可分解为相互垂直的三个分力:圆周力 F_t、径向力 F_r 和轴向力 F_a。

$$F_t = \frac{2T_1}{d_1} \tag{6-33}$$

$$F_r = F'_n\tan\alpha_n = \frac{F_t}{\cos\beta}\tan\alpha_n \tag{6-34}$$

$$F_a = F_t\tan\beta \tag{6-35}$$

笔记

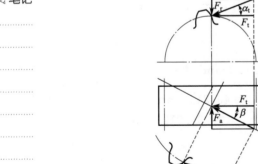
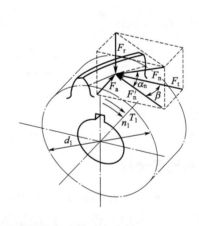

图 6-30 斜齿圆柱齿轮的主动轮受力分析

圆周力 F_t 的方向,在主动轮上与啮合点速度方向相反,在从动轮上与啮合点的速度方向相同;径向力 F_r 的方向都分别指向各自的轮心;轴向力 F_a 的方向可按螺旋定则判定:若主动轮右旋,则右手四指按转动方向握轴,拇指即为轴向力方向;当主动轮为左旋时,则应以左手判定轴向力。

需要注意的是，轴向力方向只判断主动轮，从动轮上的轴向力方向与主动轮方向相反。

2. 强度计算

斜齿圆柱齿轮传动的强度计算方法与直齿圆柱齿轮相似。由于斜齿轮齿面接触线是倾斜的，重合度较大，因而斜齿轮的接触强度和弯曲强度都比直齿轮高，其强度计算公式如下：

（1）齿面接触疲劳强度计算

校核公式为
$$\sigma_H = 3.17 Z_E \sqrt{\frac{K T_1 (u \pm 1)}{b d_1^2 u}} \leqslant [\sigma_H] \tag{6-36}$$

设计公式为
$$d_1 \geqslant \sqrt[3]{\frac{K T_1 (u \pm 1)}{\psi_d u} \left(\frac{3.17 Z_E}{[\sigma_H]}\right)^2} \tag{6-37}$$

（2）齿根弯曲疲劳强度计算

校核公式
$$\sigma_F = \frac{1.6 K T_1 \cos\beta}{b m_n^2 z_1} Y_F Y_S \leqslant [\sigma_F] \tag{6-38}$$

设计公式
$$m_n \geqslant 1.17 \sqrt[3]{\frac{K T_1 \cos^2\beta Y_F Y_S}{\psi_d z_1^2 [\sigma_F]}} \tag{6-39}$$

弹性系数 Z_E 由表 6-11 查得；齿形系数 Y_F 及应力修正系数 Y_S 应按当量齿数由表 6-12 选取；按式(6-39)计算时，应将两齿轮的 $\dfrac{Y_F Y_S}{[\sigma_F]}$ 值进行比较，取其较大者代入公式中计算，计算所得模数 m_n 应按表 6-4 取标准值。

【例 6-4】 试设计重型机械中单级斜齿轮减速器的齿轮传动。已知传动功率 $P = 70 \text{kW}$，小齿轮转速 $n_1 = 960 \text{r/min}$，传动比 $i = 3$，电动机驱动，载荷中等冲击，工作寿命 10 年，一年 300 个工作日，单班制工作，单向运转，齿轮相对轴承对称布置。

解 （1）选择齿轮材料，确定许用应力

所设计的齿轮传动属于闭式传动，考虑此对齿轮传递的功率较大，为使齿轮传动结构紧凑，大、小齿轮均选用硬齿面。小齿轮的材料选用 20CrMnTi 渗碳淬火，硬度为 59HRC；大齿轮用 40Cr，经表面淬火，齿面硬度为 52HRC。

由图 6-21(d) 查合金钢渗碳淬火图线，59HRC，$\sigma_{Hlim1} = 1500 \text{MPa}$；调质钢火焰或感应淬火图线，52HRC，$\sigma_{Hlim2} = 1200 \text{MPa}$。

由图 6-23(d) 查合金钢渗碳淬火图线，59HRC，$\sigma_{Flim1} = 430 \text{MPa}$，调质钢火焰或感应淬火图线，52HRC，$\sigma_{Flim2} = 375 \text{MPa}$

由式(6-17)计算应力循环次数
$$N_1 = 60 n r t_h = 60 \times 960 \times 1 \times (8 \times 300 \times 10) = 1.38 \times 10^9$$
$$N_2 = \frac{N_1}{i} = \frac{1.38 \times 10^9}{3} = 4.6 \times 10^8$$

由图 6-22 查得接触疲劳寿命系数 $Z_{NT1} = 0.90$，$Z_{NT2} = 0.94$

由图 6-24 查得弯曲疲劳寿命系数 $Y_{NT1} = 0.88$，$Y_{NT2} = 0.90$

由表 6-10，取 $S_H = 1.1$、$S_F = 1.5$

由式(6-16)计算许用接触应力

$$[\sigma_H]_1 = \frac{\sigma_{Hlim1} Z_{NT1}}{S_H} = \frac{1500 \times 0.9}{1.1} = 1227.3 \text{ (MPa)}$$

$$[\sigma_H]_2 = \frac{\sigma_{Hlim2} Z_{NT2}}{S_H} = \frac{1200 \times 0.94}{1.1} = 1025.5 \text{ (MPa)}$$

由式(6-20)计算许用弯曲应力

$$[\sigma_F]_1 = \frac{\sigma_{Flim1} Y_{NT1}}{S_F} = \frac{430 \times 0.88}{1.5} = 252.3 \text{ (MPa)}$$

$$[\sigma_F]_2 = \frac{\sigma_{Flim2} Y_{NT2}}{S_F} = \frac{375 \times 0.9}{1.5} = 225 \text{ (MPa)}$$

（2）确定小齿轮齿数 z_1 和齿宽系数 ψ_d

取小齿轮齿数 $z_1 = 20$，则大齿轮齿数 $z_2 = iz_1 = 3 \times 20 = 60$

由表 6-9 取 $\psi_d = 0.8$

（3）按齿根弯曲疲劳强度设计

由斜齿轮设计公式(6-39)

$$m_n \geqslant 1.17 \sqrt[3]{\frac{KT_1 \cos^2\beta Y_F Y_S}{\psi_d z_1^2 [\sigma_F]}}$$

转矩　　$T_1 = 9.55 \times 10^6 \frac{P}{n_1} = 9.55 \times 10^6 \times \frac{70}{960} = 6.69 \times 10^5 \text{ (N·mm)}$

按表 6-8 取 $K = 1.4$；初选螺旋角 $\beta = 14°$

当量齿数为

$$z_{v1} = \frac{z_1}{\cos^3\beta} = \frac{20}{\cos^3 14°} = 21.89$$

$$z_{v2} = \frac{z_2}{\cos^3\beta} = \frac{60}{\cos^3 14°} = 65.68$$

由表 6-12 得 $Y_{F1} = 2.756$，$Y_{F2} = 2.235$；$Y_{S1} = 1.569$，$Y_{S2} = 1.741$。

$\dfrac{Y_{F1} Y_{S1}}{[\sigma_F]_1} = \dfrac{2.756 \times 1.569}{252.3} = 0.01714$；$\dfrac{Y_{F2} Y_{S2}}{[\sigma_F]_2} = \dfrac{2.235 \times 1.741}{225} = 0.01729$，选其中较大值，故

$$m_n \geqslant 1.17 \sqrt[3]{\frac{KT_1 \cos^2\beta Y_F Y_S}{\psi_d z_1^2 [\sigma_F]}} = 1.17 \sqrt[3]{\frac{1.4 \times 6.69 \times 10^5 \times \cos^2 14° \times 0.01729}{0.8 \times 20^2}} = 4.24 \text{ (mm)}$$

由表 6-4 取标准模数值 $m_n = 4$ mm。

（4）计算齿轮的几何尺寸

传动中心距为　　$a = \dfrac{m_n(z_1 + z_2)}{2\cos\beta} = \dfrac{4 \times (20+60)}{2\cos 14°} = 164.898 \text{ (mm)}$

圆整中心距，取 $a = 165$ mm，则螺旋角 β 为

$$\beta = \arccos \frac{m_n(z_1 + z_2)}{2a} = \arccos \frac{4 \times (20+60)}{2 \times 165} = 14.1411°$$

分度圆直径 $$d_1 = \frac{m_n z_1}{\cos\beta} = \frac{4 \times 20}{\cos 14.1411°} = 82.5 \text{ (mm)}$$

$$d_2 = \frac{m_n z_2}{\cos\beta} = \frac{4 \times 60}{\cos 14.1411°} = 247.5 \text{ (mm)}$$

齿宽 $$b = \psi_d d_1 = 0.8 \times 82.5 = 66 \text{ (mm)}$$

取 $b = b_2 = 70$ mm，$b_1 = 75$ mm。

(5) 校核齿面接触疲劳强度

由式(6-36) $$\sigma_H = 3.17 Z_E \sqrt{\frac{KT_1(u \pm 1)}{b d_1^2 u}} \leqslant [\sigma_H]$$

由表 6-11 得 $Z_E = 189.8 \sqrt{\text{MPa}}$；齿数比 $u = i = 3$。由此可得

$$\sigma_H = 3.17 Z_E \sqrt{\frac{KT_1(u+1)}{b d_1^2 u}} = 3.17 \times 189.8 \sqrt{\frac{1.4 \times 6.96 \times 10^5 \times (3+1)}{70 \times 82.5^2 \times 3}} = 993 \text{(MPa)} < [\sigma_H]$$

所以齿面接触疲劳强度满足要求。

(6) 计算齿轮的圆周速度

$$v = \frac{\pi d_1 n_1}{60 \times 1000} = \frac{3.14 \times 82.5 \times 960}{60 \times 1000} = 4.14 \text{ (m/s)}$$

由表 6-13 可知，普通减速器可选 8 级精度。

(7) 计算齿轮结构尺寸并绘制齿轮零件工作图（略）。

课题九　齿轮的结构设计及齿轮传动的润滑

齿轮的结构

一、齿轮的结构设计

根据齿轮传动的强度计算，只能确定齿轮的基本参数和主要尺寸，如模数、齿数、螺旋角、分度圆直径等，而齿轮的轮缘、轮辐、轮毂等其余部分的结构形式和尺寸则需要通过结构设计来确定。

齿轮结构设计是指合理选择齿轮的结构形式，确定齿轮各部分的尺寸及绘制齿轮的零件工作图。齿轮的结构形式主要依据齿轮的尺寸、材料、加工工艺、经济性等因素而定。通常是先按齿轮的直径大小选定合适的结构形式，再根据推荐用的经验数据进行结构设计。

1. 齿轮轴

当圆柱齿轮的齿根至键槽底部的距离 $x \leqslant 2.5 m_n$ 时，应将齿轮与轴制成一体，称为齿轮轴，如图 6-31 所示。

2. 实体式齿轮

当齿轮的齿顶圆直径 $d_a \leqslant 200$ mm 时，可采用实体式结构，如图 6-32 所示。

3. 腹板式齿轮

当齿轮的齿顶圆直径 $= 200 \sim 500$ mm 时，可采用腹板式结构，如图 6-33 所示。

4. 轮辐式齿轮

当齿轮的齿顶圆直径 > 500 mm 时，可采用轮辐式结构，如图 6-34 所示。

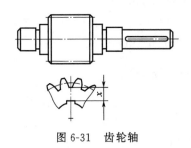

图 6-31　齿轮轴

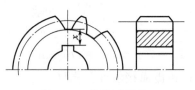

图 6-32　实体式齿轮

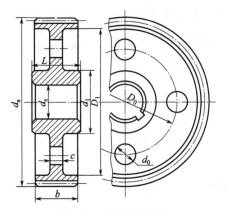

图 6-33　腹板式齿轮

$d_1=1.6d_s$；$D_1=d_a-(10\sim12)m_n$；$D_0=0.5(D_1+d_1)$；$d_0=0.25(D_1-d_1)$；$c=0.3b$；$L=(1.2\sim1.3)d_s$

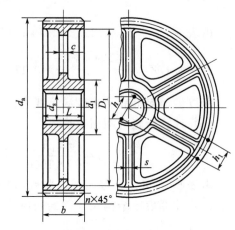

图 6-34　轮辐式齿轮

$d_1=1.6d_s$（铸钢），$d_1=1.8d_s$（铸铁）；$D_1=d_a-(10\sim12)m_n$；$h=0.8d_s$；$h_1=0.8h$；$c=0.2h$；$s=h/6$（≥10mm）；$L=(1.2\sim1.5)d_s$；$n=0.5m_n$

二、齿轮传动的润滑

润滑对于齿轮传动十分重要。润滑不仅可以减小摩擦、减轻磨损，还可以起到冷却、防锈、降低噪声、改善齿轮的工作状况、延缓轮齿失效、延长轮齿的使用寿命等作用。

闭式齿轮传动的润滑方式有浸油润滑和喷油润滑两种，一般根据齿轮的圆周速度确定采用哪种方式。

当齿轮的圆周速度 $v<12m/s$ 时，采用浸油润滑。如图 6-35（a）所示，通常将大齿轮浸入油池中进行润滑，齿轮浸入油池的深度通常约一个齿高，但不小于 10mm，转速低时可浸深一些，但浸入过深则会增大运动阻力并使油温升高。在多级齿轮传动中，对于未浸入油池内的齿轮，可采用带油轮将油带到未浸入油池内的齿轮齿面上，如图 6-35（b）所示。浸油齿轮可将油甩到齿轮箱壁上，有利于散热。

当齿轮的圆周速度 $v>12m/s$ 时，由于圆周速度大，齿轮搅油剧烈，且黏附在齿廓面上的油易被甩掉，因此应采用喷油润滑。即用油泵将具有一定压力的润滑油经喷嘴喷到啮合的齿面上，如图 6-36 所示。

对于开式齿轮传动，由于其传动速度较低，通常采用人工定期加油润滑。

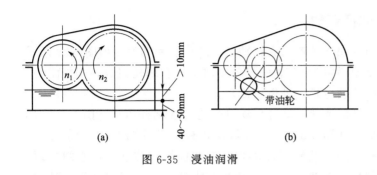
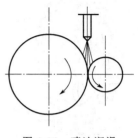

图 6-35 浸油润滑 图 6-36 喷油润滑

课题十 其他齿轮传动简介

一、圆锥齿轮传动

圆锥齿轮传动用来实现传递两相交轴之间的运动和动力。圆锥齿轮的轮齿有直齿、斜齿和曲线齿等形式。直齿和斜齿圆锥齿轮设计、制造及安装均较简单，但噪声较大，用于低速传动（<5m/s）；曲线齿圆锥齿轮具有传动平稳、噪声小及承载能力大等特点，用于高速重载场合。

圆锥齿轮的轮齿分布在一截锥体上，从大端到小端逐渐减小，如图 6-37(a) 所示。一对圆锥齿轮的运动可以看成是两个锥顶共点的圆锥体相互作纯滚动，这两个锥顶共点的圆锥体就是节圆锥。此外，与圆柱齿轮相似，圆锥齿轮还有基圆锥、分度圆锥、齿顶圆锥、齿根圆锥。对于正确安装的标准圆锥齿轮传动，其节圆锥与分度圆锥应该重合。

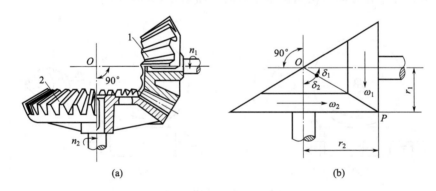

图 6-37 圆锥齿轮传动

如图 6-37(b) 所示，一对正确安装的标准圆锥齿轮，其分度圆锥与节圆锥重合，两齿轮的分度圆锥角分别为 δ_1 和 δ_2，大端分度圆半径分别为 r_1 和 r_2，齿数分别为 z_1、z_2，两齿轮的传动比为：

$$i=\frac{\omega_1}{\omega_2}=\frac{n_1}{n_2}=\frac{z_2}{z_1}=\frac{r_2}{r_1}=\frac{OP\sin\delta_2}{OP\sin\delta_1} \tag{6-40}$$

当 $\delta_1+\delta_2=90°$ 时，$i=\tan\delta_2=\cot\delta_1$。两齿轮的转动方向可用箭头表示，相对或相背离。

二、蜗杆传动

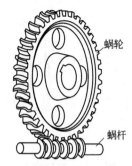

图 6-38 蜗杆传动

蜗杆传动用于传递两交错轴之间的运动和动力,如图 6-38 所示。两轴的交错角通常为 90°,蜗杆传动由蜗杆和蜗轮组成,蜗杆常为主动件。蜗杆传动也是一种齿轮传动。

根据蜗杆的形状,蜗杆传动可分为圆柱蜗杆传动[图 6-39(a)]、环面蜗杆传动[图 6-39(b)]和锥面蜗杆传动[图 6-39(c)]等。圆柱蜗杆又有普通圆柱蜗杆传动和圆弧圆柱蜗杆传动。普通圆柱蜗杆根据不同的齿廓曲线可分为阿基米德蜗杆、渐开线蜗杆等。其中阿基米德蜗杆由于加工方便,其应用最为广泛。

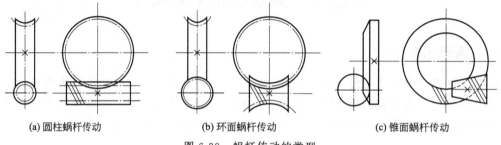

图 6-39 蜗杆传动的类型

蜗杆有左、右旋之分,应与蜗轮的旋向一致,无特殊要求不用左旋。蜗轮转动方向用左、右手定则判定。如图 6-40(a) 所示,当蜗杆为右旋时,则用右手,四指沿蜗杆转动方向弯曲,拇指所指的相反方向即为蜗轮上节点速度方向,因此,蜗轮逆时针方向旋转;当蜗杆为左旋时,则用左手按相同方法判定蜗轮转向,如图 6-40(b) 所示。

笔记

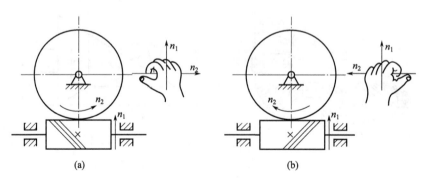

图 6-40 蜗轮的旋转方向

根据蜗杆轮齿螺旋线的头数,蜗杆有单头和多头之分。当蜗杆为主动件时,蜗杆传动的传动比为

$$i = \frac{n_1}{n_2} = \frac{z_2}{z_1}$$

式中,n_1,n_2 分别为蜗杆和蜗轮的转速(r/min);z_1 为蜗杆头数,z_2 为蜗轮齿数。z_1 小,传动比大,效率低;z_1 大,效率高,但加工困难。通常 z_1 取为 1、2、4、6。

与齿轮传动相比,蜗杆传动有如下特点:

(1) 传动比大,结构紧凑 一般传动中,$i = 10 \sim 40$,最大可达 80。在分度机构中,其传动比可达 600～1000。

（2）传动平稳、噪声小　蜗杆齿是连续的螺旋形齿，蜗轮和蜗杆是逐渐进入和退出啮合的，同时啮合的齿数较多，所以传动平稳、噪声小。

（3）可以自锁　当蜗杆的螺旋线升角小于啮合面的当量摩擦角时，蜗杆传动具有自锁性。

（4）效率低　由于蜗杆和蜗轮在啮合处有较大的相对滑动，因此发热量大，效率较低。传动效率一般为 0.7～0.9，自锁时效率小于 0.5。因此，蜗杆传动不适用于传递大功率的场合。

（5）蜗轮造价高　为减少磨损，提高效率和寿命，蜗轮齿圈一般多用青铜制造，因此造价较高。

习题

一、判断题

1. 基圆相同，渐开线形状相同；基圆越小，渐开线越弯曲。（　　）
2. 渐开线上各点处的压力角不相等，离基圆越近压力角越大，基圆上的压力角最大。（　　）
3. 一个渐开线圆柱外齿轮，当基圆大于齿根圆时，基圆以内部分的齿廓曲线也是渐开线。（　　）
4. 根据渐开线齿廓啮合特性，齿轮传动的实际中心距任意变动都不影响瞬时传动比恒定。（　　）
5. 两个压力角、齿数相同的齿轮，模数大的齿轮尺寸大。（　　）
6. 对于单个齿轮来说，节圆直径就等于分度圆直径。（　　）
7. 标准齿轮指的是：齿轮的模数 m、压力角 α、齿顶高系数 h_a^* 和顶隙系数 c^* 均为标准值的齿轮。（　　）
8. 展成法加工渐开线齿轮时，一把模数、压力角为标准值的刀具，可以加工相同模数和压力角的任何齿数的齿轮。（　　）
9. 斜齿圆柱齿轮不产生根切的最小齿数肯定比相同参数的直齿圆柱齿轮不产生根切的最小齿数要少。（　　）
10. 一对外啮合斜齿圆柱齿轮正确啮合条件是：两斜齿圆柱齿轮的端面模数和压力角分别相等，螺旋角大小相等，旋向相同。（　　）
11. 斜齿圆柱齿轮法面上的模数和压力角为标准值。（　　）
12. 圆锥齿轮传动用于传递两相交轴之间的运动和动力。（　　）
13. 蜗杆传动连续、平稳，因此适合传递大功率的场合。（　　）

二、选择题

1. 在机械传动中，理论上能保证瞬时传动比为常数的是_____。
   A. 带传动　　　　　　　B. 齿轮传动　　　　　　C. 链传动
2. 渐开线齿廓的形状取决于_____半径的大小。
   A. 齿顶圆　　　　　　　B. 基圆　　　　　　　　C. 分度圆
3. 一对渐开线直齿圆柱齿轮的啮合线切于_____。
   A. 两分度圆　　　　　　B. 两齿根圆　　　　　　C. 两基圆
4. 一对渐开线齿轮的连续传动条件是_____。
   A. 实际啮合线大于基圆齿距　　　　　　　B. 实际啮合线小于基圆齿距
   C. 齿轮齿数多

5. 影响齿轮承载能力大小的主要参数是_____。
   A. 模数　　　　　　　　B. 齿数　　　　　　　　C. 压力角
6. 齿轮上具有标准模数和标准压力角的圆是_____。
   A. 齿顶圆　　　　　　　B. 分度圆　　　　　　　C. 基圆
7. 加工直齿圆柱齿轮轮齿时，一般检测_____来确定该齿轮是否合格。
   A. 公法线长度　　　　　B. 齿厚　　　　　　　　C. 齿根圆直径
8. 用展成法加工直齿圆柱齿轮时，其不发生根切的最少齿数是_____。
   A. 14　　　　　　　　　B. 17　　　　　　　　　C. 20
9. 用同牌号钢材料制造一配对软齿面齿轮，其热处理方案应为_____。
   A. 小齿轮正火，大齿轮调质　　　　　　　B. 小齿轮调质，大齿轮正火
   C. 两齿轮均淬火
10. 材料为20Cr的齿轮要达到硬齿面，适宜的热处理方法是_____。
    A. 渗碳淬火　　　　　　B. 调质　　　　　　　　C. 表面淬火
11. 按接触疲劳强度设计一般闭式齿轮传动是为了避免_____失效。
    A. 轮齿折断　　　　　　B. 胶合　　　　　　　　C. 齿面点蚀
12. 设计一般闭式齿轮传动时，齿根弯曲疲劳强度计算主要针对的失效形式是_____。
    A. 齿面磨损　　　　　　B. 轮齿折断　　　　　　C. 齿面点蚀
13. 高速重载齿轮传动，当润滑不良时，最可能出现的失效形式是_____。
    A. 齿面胶合　　　　　　B. 齿面疲劳点蚀　　　　C. 轮齿疲劳折断
14. 对于软齿面闭式齿轮传动，其主要失效形式是_____。
    A. 齿面磨损　　　　　　B. 齿面疲劳点蚀　　　　C. 轮齿疲劳折断
15. 设计一对闭式软齿面齿轮传动时，一般要求小齿轮硬度_____大齿轮硬度。
    A. 高于　　　　　　　　B. 低于　　　　　　　　C. 等于
16. 对于软齿面闭式齿轮传动，设计时一般_____。
    A. 先按齿面接触疲劳强度设计，再按齿根弯曲疲劳强度校核
    B. 先按齿根弯曲疲劳强度设计，再按齿面接触疲劳强度校核
    C. 只按齿面接触疲劳强度设计
17. 为了提高齿轮传动的齿面接触疲劳强度，应_____。
    A. 分度圆直径不变的条件下增大模数
    B. 增大分度圆直径
    C. 分度圆直径不变的条件下增加齿数
18. 为了提高齿轮齿根弯曲疲劳强度，应_____。
    A. 增大模数　　　　　　B. 增加齿数　　　　　　C. 增大分度圆直径
19. 在圆柱齿轮传动中，常使小齿轮齿宽略大于大齿轮齿宽，其目的是_____。
    A. 提高小齿轮齿面接触疲劳强度
    B. 提高小齿轮齿根弯曲疲劳强度
    C. 补偿安装误差，以保证全齿宽的接触
20. 标准斜齿圆柱齿轮传动中，查取齿形系数数值时，应按_____查取。
    A. 法面模数　　　　　　B. 实际齿数　　　　　　C. 当量齿数

三、综合应用题

1. 已知一对正确安装的直齿圆柱齿轮，采用正常齿制，$m=3.5$mm，$z_1=21$，$z_2=64$，

求传动比、分度圆直径、节圆直径、齿顶圆直径、齿根圆直径、基圆直径、中心距、齿距、齿厚和齿槽宽。

2. 已知一对正常齿制的标准直齿圆柱齿轮，$m=10\text{mm}$，$z_1=17$，$z_2=22$，中心距$a=195\text{mm}$，要求：
（1）绘制两轮的齿顶圆、节圆、齿根圆和基圆。
（2）作出理论啮合线、实际啮合线和啮合角。

3. 设计一对单级直齿圆柱齿轮减速器的齿轮。已知：电动机驱动，转向不变，$z_1=26$，$z_2=52$，小齿轮转速$n_1=1440\text{r/min}$，功率$P=7.5\text{kW}$，工作平稳，齿轮为对称布置，两班制工作，每班工作8小时，使用寿命8年，每年300工作日。

4. 设计由电动机驱动的闭式平行轴斜齿轮传动。已知传递功率$P=22\text{kW}$，小齿轮转速$n_1=960\text{r/min}$，传动比$i=3$，单向运转，载荷有中等冲击，齿轮相对于轴承对称布置，使用寿命$t_\text{h}=20000\text{h}$。

5. 设两级斜齿圆柱齿轮减速器各轮的螺旋线方向如图6-41所示，当Ⅰ轴齿轮为主动轮时，试画出两对齿轮所受各力的方向（圆周力的方向用符号⊙或⊗表示）。

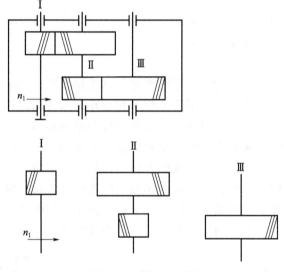

图 6-41 题三、5图

6. 如图6-42所示传动系统中，1、5为蜗杆，2、6为蜗轮，已知蜗杆1的转动方向，试用箭头标出其他各轮的转动方向。

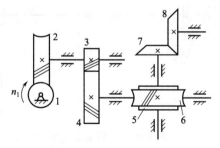

图 6-42 题三、6图

单元七

齿轮系

知识目标

掌握轮系分类及功用；

熟练掌握定轴轮系传动比计算；

熟练掌握行星轮系传动比计算。

技能目标

能够熟练进行定轴轮系传动比计算；

能够熟练进行行星轮系传动比计算。

在实际机械传动中，一对齿轮往往不能满足多种工作要求。为了满足机械传动中要求的大传动比、变速、换向等要求，一般需要采用多对齿轮进行传动。用一系列互相啮合的齿轮将主动轴和从动轴连接起来，这种由多齿轮组成的传动系统称为齿轮系，简称轮系。

图 7-1 为普通货车的机械传动系统（发动机前置后轮驱动）。发动机发出动力依次经过离合器、变速器和由万向节与传动轴组成的万向传动装置、安装在驱动桥中的主减速器、差速器和半轴，最后传到驱动车轮。为保证汽车在不同条件下正常行驶，并具有良好的动力性和燃油经济性，汽车的传动系统必须能够实现变速和倒车、随时中断动力传递、车轮具有差速功能等。其中变速、倒车和差速功能都需要由轮系来实现。

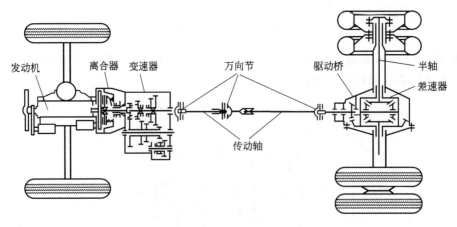

图 7-1　汽车发动机前置后轮驱动系统

按轮系运转时各齿轮轴线位置相对机架是否固定，将轮系分为定轴轮系和行星轮系两种基本类型。

课题一　定轴轮系传动比的计算

当轮系运转时，各个齿轮的几何轴线相对于机架固定不动的轮系称为定轴轮系。定轴轮系又分为平面定轴轮系（图 7-2）和空间定轴轮系（图 7-3）两种。

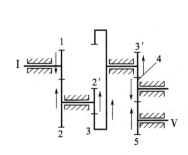
图 7-2　平面定轴轮系

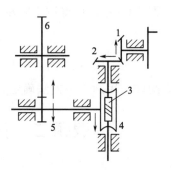
图 7-3　空间定轴轮系

轮系中，输入轴和输出轴角速度（或转速）之比，称为轮系的传动比，用 i 表示。图 7-2 中轮系的传动比 $i_{15}=\dfrac{\omega_1}{\omega_5}=\dfrac{n_1}{n_5}$。轮系传动比的计算包括计算传动比的大小和确定输出轴的转动方向。

一、平面定轴轮系

如图 7-2 所示，平面定轴轮系各轮的转向都是相同或相反的，因此可用带有正、负号的传动比来表示。规定：外啮合圆柱齿轮传动，两轮转向相反，传动比取负号；内啮合圆柱齿轮传动，两轮转向相同，传动比取正号。若图中各轮的齿数分别为 z_1、z_2、$z_{2'}$、z_3、$z_{3'}$、z_4、z_5，则该定轴轮系中各对齿轮的传动比为

$$i_{12}=\frac{n_1}{n_2}=-\frac{z_2}{z_1};\quad i_{2'3}=\frac{n_{2'}}{n_3}=\frac{z_3}{z_{2'}};\quad i_{3'4}=\frac{n_{3'}}{n_4}=-\frac{z_4}{z_{3'}};\quad i_{45}=\frac{n_4}{n_5}=-\frac{z_5}{z_4}$$

因 $n_2=n_{2'}$，$n_3=n_{3'}$，所以

$$i_{15}=\frac{n_1}{n_5}=\frac{n_1}{n_2}\times\frac{n_{2'}}{n_3}\times\frac{n_{3'}}{n_4}\times\frac{n_4}{n_5}=(-1)^3\frac{z_2 z_3 z_4 z_5}{z_1 z_{2'} z_{3'} z_4}=-\frac{z_2 z_3 z_5}{z_1 z_{2'} z_{3'}}$$

齿轮 4 既是前一级齿轮的从动轮，又是后一级齿轮的主动轮，因而它的齿数不影响传动比的大小（z_4 在式中消去），但增加了外啮合次数，改变了传动比的符号。这种不影响传动比大小，只影响传动比符号，即改变轮系从动轮转向的齿轮称为惰轮或过轮。

将上式推广，可得任意平面定轴轮系总传动比的通用计算公式为

$$i_{1k}=\frac{n_1}{n_k}=(-1)^m\frac{\text{所有从动轮齿数的连乘积}}{\text{所有主动轮齿数的连乘积}} \tag{7-1}$$

式中，m 为外啮合齿轮的啮合次数，n_1、n_k 分别表示轮系中 1、k 两齿轮（或两轴）的转速。

二、空间定轴轮系

图 7-3 为空间齿轮传动的定轴轮系，轮系中有圆柱齿轮、圆锥齿轮、蜗轮蜗杆等。其传

动比的大小仍可按式(7-1)计算，但轮系中各齿轮的转向不能由$(-1)^m$来确定。因为空间齿轮的轴线不平行，不能说两轴的转向是相同还是相反，所以空间轮系中各轮的转向只能在图中用箭头画出。

【例 7-1】 图 7-3 所示的轮系中，已知各轮的齿数为 $z_1=20$，$z_2=30$，$z_3=1$，$z_4=40$，$z_5=20$，$z_6=50$，试求传动比 i_{16}，并指出齿轮 6 的转向。

解 根据式(7-1)，可得该空间轮系的传动比为：

$$i_{16}=\frac{z_2 z_4 z_6}{z_1 z_3 z_5}=\frac{30\times 40\times 50}{20\times 1\times 20}=150$$

齿轮 6 的转向用画箭头方法确定，如图中箭头所示。

课题二　行星轮系传动比的计算

一、行星轮系的组成

行星轮系是一种先进的齿轮传动机构。在轮系运转时，至少有一个齿轮的几何轴线绕另一个齿轮几何轴线转动，该轮系称为行星轮系。如图 7-4(a) 所示的行星轮系，主要由行星齿轮、行星架（系杆）和太阳轮所组成。

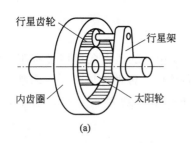
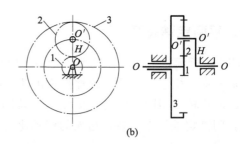

图 7-4　行星轮系

图 7-4(b) 为行星轮系的简图。活套在构件 H 上的齿轮 2，一方面绕自身的轴线 $O'O'$ 回转，另一方面又随构件 H 绕固定轴线 OO 回转，因此，称齿轮 2 为行星齿轮。支承行星齿轮 2 的构件 H 称为行星架。与行星齿轮 2 相啮合且作定轴转动的齿轮 1 和 3 称为中心轮或太阳轮。

行星轮系中一般都以太阳轮或行星架作为运动的输入或输出构件，故称太阳轮、行星轮和行星架为行星轮系的基本构件。

由于行星轮系传动机构中具有动轴线行星轮，从运动学角度看，只需 1 个行星轮即可。而在实际传递动力的行星轮系中，都采用多个完全相同的行星轮，通常为 2~6 个，如图 7-5 所示。各行星轮均匀地分布在太阳轮四周，这样既可使几个行星轮共同分担载荷，以减小齿轮尺寸，同时又可使啮合处的径向分力和行星轮公转所产生的离心力得以平衡，以减小轴承受力，增加运动的平稳性。

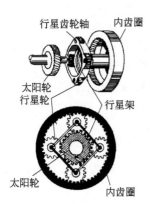

图 7-5　行星轮系结构图

二、行星轮系传动比的计算

在行星轮系中,由于行星轮除绕本身轴线自转外,还随行星架绕固定轴线公转,所以其传动比不能直接利用定轴轮系传动比的计算公式,但可采用转化机构法,利用定轴轮系传动比的计算公式,间接求出单级行星轮系的传动比。

如图 7-6(a) 所示,设行星轮系中各轮和行星架 H 的转速分别为 n_1、n_2、n_3、n_H,若假想给该轮系加上一个与行星架 H 的转速大小相等、方向相反的公共转速"$-n_H$",则根据相对运动原理,此时单级行星轮系中各构件间的相对运动关系不变,正如钟表各指针的相对运动关系,并不会因整个钟表作相对的附加反转运动而改变。这样行星架的相对转速为零,行星轮绕固定轴线转动,原来的行星轮系便转化为一个假想的定轴轮系[图 7-6(b)]。这个假想的定轴轮系称为原轮系的转化机构。转化机构中各构件的转速就是行星轮系各构件相对于行星架 H 的转速,各构件在转化前后的转速见表 7-1。

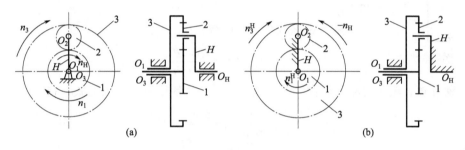

图 7-6 行星轮系及其转化机构

表 7-1 转化前后机构中各构件的转速

构件	原轮系中的转速	转化机构中的转速
1	n_1	$n_1^H = n_1 - n_H$
2	n_2	$n_2^H = n_2 - n_H$
3	n_3	$n_3^H = n_3 - n_H$
H	n_H	$n_H^H = n_H - n_H = 0$

转化机构中 1、3 两轮的传动比可根据定轴轮系传动比的计算方法求得,即

$$i_{13}^H = \frac{n_1^H}{n_3^H} = \frac{n_1 - n_H}{n_3 - n_H} = (-1)^1 \frac{z_2 z_3}{z_1 z_2} = -\frac{z_3}{z_1}$$

将以上分析推广到一般情况,可得单级行星轮系中任意两轮 G、K 之间的传动比计算式为

$$i_{GK}^H = \frac{n_G - n_H}{n_K - n_H} = (-1)^m \frac{G、K \text{间各从动轮齿数的乘积}}{G、K \text{间各主动轮齿数的乘积}} \tag{7-2}$$

式中,G 为主动轮;K 为从动轮;中间各轮的主从地位也应按此假定判定;m 为齿轮 G、K 之间外啮合的次数。

应用上式计算行星轮系传动比时需注意以下几点:

(1) n_G、n_K、n_H 必须是轴线平行或重合的相应齿轮的转速。

(2) 将 n_G、n_K、n_H 的值代入上式时,必须连同转速的正负号代入。可先假设某一已知构件转向为正，则另外构件转向与之相同取正，反之取负。

（3）等式右边的符号表示转化机构中齿轮 G、K 的转向关系，其判定方法与定轴轮系判定方法相同。如果 G、K 之间只有圆柱齿轮，则由 $(-1)^m$ 来确定；若 G、K 之间有圆锥齿轮，则在转化机构中要用画箭头的方法确定。

（4）$i_{GK}^H \neq i_{GK}$，i_{GK}^H 为转化机构中 G、K 两轮的转速之比，即 $i_{GK}^H = \dfrac{n_G^H}{n_K^H}$，其大小和正负号应按定轴轮系传动比的计算方法确定；而 i_{GK} 是行星轮系中 G、K 两轮的绝对速度之比，即 $i_{GK} = \dfrac{n_G}{n_K}$，它的大小和符号必须由计算结果确定。

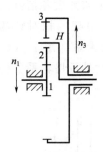

图 7-7 平面差动轮系

【例 7-2】 一平面差动轮系（自由度为 2 的行星轮系）如图 7-7 所示，已知各轮齿数为 $z_1=16$，$z_2=24$，$z_3=64$，当轮 1 和轮 3 的转速为：$n_1=100 \text{r/min}$，$n_3=-400 \text{r/min}$，转向如图所示，试求 n_H 和 i_{1H}。

解 根据式（7-2）可得

$$i_{13}^H = \frac{n_1 - n_H}{n_3 - n_H} = (-1)^1 \frac{z_3}{z_1}$$

由题意可知，轮 1 与轮 3 转向相反，将 n_1、n_3 及各轮齿数代入上式，得

$$\frac{100 - n_H}{-400 - n_H} = -\frac{64}{16} = -4$$

解之得

$$n_H = -300 \text{r/min}$$

由此可求得

$$i_{1H} = \frac{n_1}{n_H} = \frac{100}{-300} = -\frac{1}{3}$$

上式中的负号表示行星架的转向与齿轮 1 相反，与齿轮 3 相同。

【例 7-3】 一空间差动轮系如图 7-8(a) 所示，已知 $z_1=48$，$z_2=42$，$z_2'=18$，$z_3=21$，$n_1=100 \text{r/min}$，$n_3=-80 \text{r/min}$，转向如图所示，求 n_H。

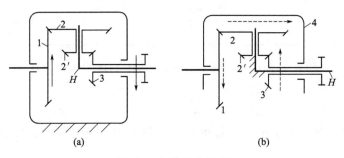

图 7-8 空间差动轮系

解 齿轮 1、3 及行星架 H 轴线重合，故可用式（7-2）求解。因 1、3 两齿轮之间为圆锥齿轮，所以等式右边的符号应用画箭头法确定。如图 7-8(b) 所示，假设轮 1 方向向下（与绝对转向无关），按啮合关系画出轮 3 方向向上，故转化机构的齿数比前应取负号，即

$$i_{13}^H = \frac{n_1 - n_H}{n_3 - n_H} = -\frac{z_2 z_3}{z_1 z_2'} = -\frac{42 \times 21}{48 \times 18} = -\frac{49}{48}$$

因轮 1 与轮 3 转向相反，将 n_1、n_3 代入上式，得

$$\frac{100-n_H}{-80-n_H}=-\frac{49}{48}$$

解得 $n_H=9.072\text{r/min}$

n_H 为正值，说明行星架 H 与轮 1 的转向相同。

【例 7-4】 如图 7-9 所示为一传动比很大的行星减速器，已知 $z_1=100$，$z_2=101$，$z_2'=100$，$z_3=99$，求传动比 i_{H1}。

解 行星齿轮系中齿轮 1 为活动太阳轮，齿轮 3 为固定太阳轮，双联齿轮 2—2' 为行星轮，H 为行星架。

由式(7-2)得

$$i_{13}^H=\frac{n_1-n_H}{n_3-n_H}=(-1)^2\frac{z_2 z_3}{z_1 z_2'}=\frac{101\times 99}{100\times 100}$$

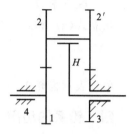

图 7-9 行星减速器中的齿轮系

将 $n_3=0$ 代入上式得

$$\frac{n_1-n_H}{0-n_H}=\frac{101\times 99}{100\times 100}$$

$$\frac{n_1}{n_H}=1-\frac{9999}{10000}=\frac{1}{10000}$$

$$i_{H1}=\frac{n_H}{n_1}=10000$$

由此可知，行星架 H 转 10000 转时，太阳轮 1 只转 1 转，且两构件转向相同。表明行星轮系用少数几个齿轮就能获得很大的传动比。

若将 z_3 由 99 改为 100，则

$$\frac{n_1}{n_H}=1-\frac{z_2 z_3}{z_1 z_2'}=1-\frac{101\times 100}{100\times 100}=-\frac{1}{100}$$

$$i_{H1}=\frac{n_H}{n_1}=-100$$

计算结果表明，同一种结构形式的行星轮系，由于某一齿轮的齿数略有变化，其传动比则会发生巨大变化，同时转向也会改变。

三、组合轮系传动比的计算

如果轮系中既包含定轴轮系，又包含行星轮系，则称为组合轮系。计算组合轮系的传动比时，应将组合轮系分解为定轴轮系和行星轮系，分别列出它们的传动比计算公式，最后联立求解。

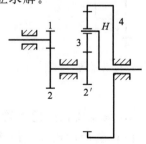

图 7-10 组合轮系

【例 7-5】 图 7-10 所示的轮系中，已知 $z_1=20$，$z_2=40$，$z_2'=20$，$z_3=30$，$z_4=80$，求传动比 i_{1H}。

解 （1）划分轮系

齿轮 1、2 组成定轴轮系，齿轮 2'、3、4、H 组成行星轮系。

（2）计算各轮系传动比

定轴轮系 $i_{12}=\dfrac{n_1}{n_2}=-\dfrac{z_2}{z_1}=-\dfrac{40}{20}=-2$，得

$$n_1=-2n_2 \tag{a}$$

行星轮系

$$i_{2'4}^{H}=\frac{n_{2'}-n_H}{n_4-n_H}=-\frac{z_4}{z'_2}$$

由 $n_4=0$，$n'_2=n_2$，$z'_2=20$，$z_4=80$，代入上式，得

$$n_2=5n_H \tag{b}$$

(3) 联立求解

联立式(a) 和式(b)，轮系传动比为

$$i_{1H}=i_{12}\times i_{2'H}=\frac{n_1}{n_2}\times\frac{n_2}{n_H}=(-2)\times 5=-10$$

负号表示齿轮 1 与行星架 H 转向相反。

四、轮系的功用

轮系广泛用于传动系统中，其主要功用如下：

1. 实现远距离传动

当两轴距离较远时，若只用一对齿轮传动，则齿轮的尺寸必然很大，致使机器的结构尺寸和重量增大，制造安装都不方便。若采用轮系传动，就可克服上述缺点，还可很容易获得需要的传动比。图 7-11 为汽车发动机正时齿轮传动，曲轴正时齿轮分别通过两个中间齿轮驱动机油泵、凸轮轴和喷油泵，不仅可以改变齿轮的转动方向，还可以使转速降低。齿轮系传动准确性高，但成本也高，主要用于赛车发动机。

2. 实现分路传动

在机械传动中，当只有一个原动件及多个执行构件时，原动件的转动可通过多对啮合齿轮从不同的传动路线传递给执行构件，以实现分路传动。图 7-12 所示为滚齿机工作台传动系统。动力由 I 轴输入，一路由 1、2 传动到滚刀 A；另一路由 3、4、5、6、7、8、9 传到轮坯 B。

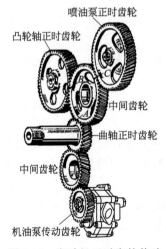

图 7-11 发动机正时齿轮传动

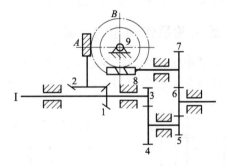

图 7-12 滚齿机工作台传动系统

3. 获得大的传动比

定轴轮系和行星轮系都可以获得大传动比。尤其是采用行星轮系，只需要很少的齿轮，就可以获得很大的传动比，如【例 7-4】所讨论的轮系，这种简单行星轮系传动比大，结构尺寸小，重量轻，广泛用于航空发动机的主减速器中。

4. 实现变速、变向传动

汽车从静止开始起动，直到正常行驶，车速变化仅靠发动机的转速变化是不能实现的。汽车发动机转速低时输出转矩小，这与汽车起动需要很大的转矩相矛盾。相反，在车辆行驶时由于惯性只需要很小的转矩就可以，但发动机转速却很高，并且发动机只能一个方向旋转，不能实现倒车。通过齿轮系就可以实现变速、变转矩和倒车。

（1）定轴轮系变速 如图 7-13 所示的汽车变速器。第一轴为输入轴，第二轴为输出轴，通过改变不同齿轮的啮合，可获得不同的输出转速。变速器采用手动操作机构，在变速器壳底部有润滑油，通过齿轮的转动进行润滑和冷却。按传动比从大到小依次为一挡、二挡、三挡、四挡，传动比最小一般为 1。传动比小于 1 的称为超速挡，传动比越大驱动力越大。

第一轴齿轮和中间轴第一个齿轮为常啮合传动齿轮，是现在汽车的常用形式。第二轴的其他齿轮采用滚针轴承支承安装在变速器第二轴上，并在第二轴上空转。在每个挡位的从动齿轮之间

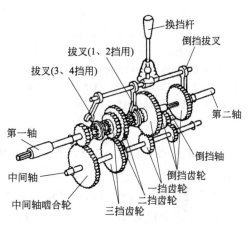

图 7-13 汽车变速器

装有同步器（1、2 挡用同一个同步器，3、4 挡用同一个同步器），同步器与第二轴采用花键连接，换挡时，同步器用摩擦力的作用，使同步器齿轮和从动齿轮逐步达到同步啮合传递转矩。同步器在换挡操作时不会产生冲击和噪声，换挡过程轻便、平顺。图 7-14 为变速器各挡齿轮啮合位置示意图，利用中间轴倒挡齿轮可实现变向传动。

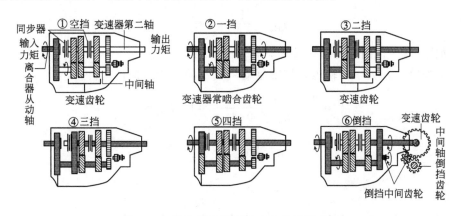

图 7-14 变速器各挡齿轮啮合位置示意图

（2）行星轮系变速 汽车自动变速器采用行星齿轮变速机构，在液力变矩器的后部排列着 2～3 组行星齿轮机构。如图 7-15 为双排行星齿轮自动变速器，用离合器和制动器可改变行星齿轮机构中各元件的相对运动关系，以实现不同挡位的传动。

以图 7-14 为例来说明自动变速器的变速原理。在三个基本构件中，当选择的主动件、从动件、固定件不同时，可以分别得到减速、增速、逆转等功能。各个齿轮的固定或自由转动，是由汽车电脑根据负荷和车速等情况自动控制的。

① 太阳轮输入，行星架输出，齿圈制动（$n_3=0$），为减速传动。

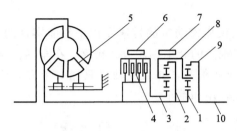

图 7-15　自动变速器结构简图
1—后排太阳轮；2—前排齿圈；3—前排太阳轮；4—直接挡离合器；5—液力变矩器；6—低速挡制动器；7—倒挡制动器；8—行星架；9—后排齿圈；10—变速器第二轴

$$i_{13}^{H}=\frac{n_1-n_H}{n_3-n_H}=\frac{n_1-n_H}{0-n_H}=1-i_{1H}=-\frac{z_3}{z_1}$$

所以
$$i_{1H}=1+\frac{z_3}{z_1}$$

因 $z_3>z_1$，因而 $i_{1H}>2$。与定轴轮系一样，传动比越大，驱动力越大，相当于一挡。

② 齿圈输入，行星架输出，太阳轮制动（$n_1=0$），为减速传动。

$$i_{31}^{H}=\frac{n_3-n_H}{n_1-n_H}=\frac{n_3-n_H}{0-n_H}=1-i_{3H}=-\frac{z_1}{z_3}$$

$$i_{3H}=1+\frac{z_1}{z_3}$$

此传动比大于1而小于2，也是增矩减速传动，但减速较小，输出轴转速较高，相当于二挡。

③ 若三个基本构件间无相对运动，整个行星齿轮机构成为一个整体而旋转，此时为直接挡传动（传动比等于1），相当于三挡。

④ 行星架输入，齿圈输出，太阳轮制动（$n_1=0$），为增速传动。

$$i_{31}^{H}=\frac{n_3-n_H}{n_1-n_H}=\frac{n_3-n_H}{0-n_H}=1-i_{3H}=-\frac{z_1}{z_3}$$

$$i_{3H}=1+\frac{z_1}{z_3}=\frac{z_3+z_1}{z_3}$$

所以
$$i_{H3}=\frac{1}{i_{3H}}=\frac{z_3}{z_3+z_1}$$

该传动比小于1，因此是增速传动，相当于四挡。

⑤ 行星架输入，太阳轮输出，齿圈制动（$n_3=0$），为增速传动。

$$i_{13}^{H}=\frac{n_1-n_H}{n_3-n_H}=\frac{n_1-n_H}{0-n_H}=1-i_{1H}=-\frac{z_3}{z_1}$$

$$i_{1H}=1+\frac{z_3}{z_1}=\frac{z_1+z_3}{z_1}$$

所以
$$i_{H1}=\frac{z_1}{z_1+z_3}$$

因 $z_1<z_3$，所以该传动比最小，也是增速传动，相当于五挡。

⑥ 当行星架制动（$n_H=0$），太阳轮输入，齿圈输出，或齿圈输入，太阳轮输出，两者均为倒挡，只是传动比不同，一个快挡，一个慢挡。此时属于定轴轮系，很容易看出太阳轮与齿圈反向旋转。

⑦ 如果太阳轮、行星架和齿圈三者中，无任何一个构件被制动，而且也无任何两个构件被锁成一体，各构件自由转动，行星齿轮机构就不能传递动力，从而得到空挡。

单级行星轮系的速比范围有限，往往不能满足汽车的实际要求，因此在实际应用的行星齿轮变速器中，由 2～3 组行星齿轮机构组成，但其工作原理仍与单级行星齿轮机构相同。

5. 实现运动的合成

在差动齿轮系中，当给定任意两个基本构件以确定的运动后，另一个基本构件的运动才能确定，利用差动齿轮系这一特点可实现运动的合成。

图 7-16 为一差动齿轮系，$z_3 = z_1$，如以齿轮 1 和齿轮 3 为原动件时，则行星架 H 的转速是齿轮 1 和齿轮 3 转速的合成。可计算如下：

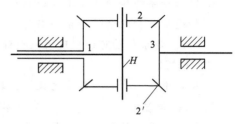

图 7-16 差动齿轮系

$$i_{13}^{H} = \frac{n_1 - n_H}{n_3 - n_H} = -\frac{z_3}{z_1} = -1$$

则
$$n_H = \frac{1}{2}(n_1 + n_3)$$

这种机构广泛用于机床、计算装置及补偿调整装置中。

6. 实现运动的分解

图 7-17 为汽车的整体式驱动桥，由主减速器、差速器、半轴和桥壳等组成。驱动桥的功能是将经变速器和万向传动装置传来的发动机动力，减速增大转矩后传给差速器，主减速器将转矩方向改变 90°，分配到左右驱动轮（一个输入运动分解成两个构件的运动），使其与驱动轮的旋转方向一致，使汽车以正常速度行驶，同时允许左右车轮以不同的转速旋转。

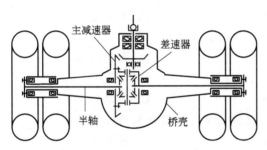

图 7-17 整体式驱动桥示意图

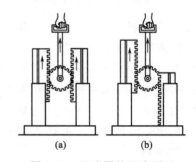

图 7-18 差速器的差速原理

差速器的功能就是当汽车转弯或在不平路面上行驶时，使左右驱动车轮以不同的转速滚动，保证两侧驱动车轮作纯滚动运动。差速器的差速原理如图 7-18 所示。图 7-18(a) 为直线行驶，图 7-18(b) 为弯道行驶。

习题

一、判断题

1. 定轴轮系传动比，等于该轮系的所有从动轮齿数连乘积与所有主动轮齿数连乘积之比。（　　）
2. 定轴轮系可以把旋转运动转变成直线运动。（　　）
3. 轮系可以实现变速和变向要求。（　　）
4. 轮系传动既可用于相距较远的两轴间传动，又可获得较大的传动比。（　　）
5. 在行星轮系中，凡具有固定几何轴线的齿轮称为中心轮。（　　）
6. 在行星轮系中，凡具有运动几何轴线的齿轮称为行星轮。（　　）
7. 至少有一个齿轮的几何轴线绕另一个齿轮几何轴线转动，该轮系称为行星轮系。（　　）

8. 定轴轮系的传动比大小与轮系中的惰轮齿数有关。（ ）
9. 传递平行轴运动的轮系，若外啮合齿轮为偶数对时，首末两轮的转向相同。（ ）
10. 采用轮系传动可以实现无级变速。（ ）

二、选择题

1. 轮系中，_____转速之比称为轮系的传动比。
   A. 末轮与首轮　　　　B. 首轮与末轮　　　　C. 末轮与中间轮
2. 定轴轮系的传动比大小与轮系中惰轮的齿数_____。
   A. 有关　　　　　　　B. 无关　　　　　　　C. 成正比
3. 定轴轮系有下列情况：(1) 所有齿轮轴线平行；(2) 首末两轮轴线平行；(3) 首末两轮轴线不平行；(4) 所有齿轮轴线都不平行。其中有_____种情况的传动比冠以正负号。
   A. 1　　　　　　　　B. 2　　　　　　　　C. 3
4. 惰轮在轮系中的作用如下：(1) 改变从动轮转向；(2) 改变从动轮转速；(3) 调节齿轮轴间距离；(4) 提高齿轮强度。其中有_____条是正确的。
   A. 1　　　　　　　　B. 2　　　　　　　　C. 3
5. 行星轮系的传动比计算应用了转化机构，其转化机构是_____。
   A. 定轴轮系　　　　　B. 行星轮系　　　　　C. 差动轮系
6. 行星轮系转化机构传动比 $i_{AB}^{H}=\dfrac{n_A-n_H}{n_B-n_H}$ 若为负值，则齿轮 A 与齿轮 B 转向_____。
   A. 一定相同　　　　　B. 一定相反　　　　　C. 不一定
7. 轮系的功用中，实现_____必须依靠行星轮系来实现。
   A. 运动的合成与分解　B. 分路传动　　　　　C. 大传动比
8. 差动轮系的主要特点是有两个_____。
   A. 行星轮　　　　　　B. 太阳轮　　　　　　C. 原动件
9. 在行星轮系中，支承行星轮并和它一起绕固定几何轴线转动的构件称为_____。
   A. 行星轮　　　　　　B. 太阳轮　　　　　　C. 行星架
10. 将行星轮系转化为定轴轮系后，各构件间的相对运动_____变化。
    A. 不发生　　　　　　B. 发生　　　　　　　C. 不确定

三、计算题

1. 如图 7-19 所示为车床溜板箱进给刻度盘轮系，运动由齿轮 1 输入，经齿轮 4 输出。各轮齿数为 $z_1=18$，$z_2=87$，$z_{2'}=28$，$z_3=20$，$z_4=84$。试求齿轮系的传动比 i_{14}。

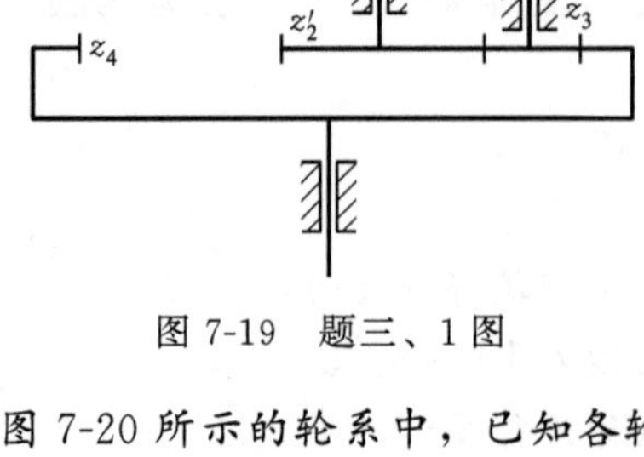

图 7-19　题三、1 图

图 7-20　题三、2 图

2. 如图 7-20 所示的轮系中，已知各轮的齿数为：$z_1=15$，$z_2=25$，$z_{2'}=15$，$z_3=30$，$z_{3'}=15$，$z_4=30$，$z_{4'}=2$，$z_5=60$，试求传动比 i_{15}，并判断蜗轮 5 的转向。

3. 如图 7-21 所示轮系，已知各轮齿数，$z_1=50$，$z_2=30$，$z_{2'}=20$，$z_3=100$，试求传动比 i_{1H}。

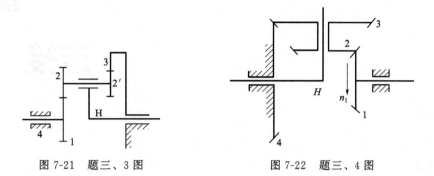

图 7-21　题三、3 图　　　　图 7-22　题三、4 图

4. 如图 7-22 所示圆锥齿轮行星轮系中，已知齿数 $z_1=z_2=20$，$z_3=30$，$z_4=45$，$n_1=500\text{r/min}$，试求行星架 H 的转速 n_H。

单元八 连接

知识目标

掌握螺纹连接件类型、连接特点；

熟练掌握螺纹连接预紧与防松方法；

了解螺栓连接的结构分析；

掌握键连接类型、特点；

掌握平键连接的强度计算。

技能目标

能熟练选用螺纹连接件；

能熟练选用键连接；

具备平键连接强度计算的能力。

螺纹概述及主要参数

✎笔记

为了便于机器的制造、安装、运输及维修，机器各零部件间广泛采用各种连接。连接按拆卸性质可分为两类：一类是可拆连接，另一类是不可拆连接。可拆连接是不损坏连接中的任一零件，即可将被连接件拆开的连接，如螺纹连接、键连接及销钉连接等。这种连接经多次装拆无损于其使用性能。不可拆连接是必须破坏或损伤连接件或被连接件才能拆开的连接，如焊接、铆接及粘接等。

课题一 螺纹连接

螺纹连接是利用带螺纹的零件构成的一种可拆连接。螺纹连接具有结构简单、装拆方便、工作可靠、成本低、类型多样等特点，在机械制造和工程结构中应用广泛。绝大多数螺纹连接件已标准化，并由专业工厂成批量生产。

一、连接用螺纹

机械设备中的连接螺纹大多为三角形螺纹，它分为普通螺纹和管螺纹两种。前者多用于紧固连接，后者用于紧密连接。

1. 普通螺纹

普通螺纹的牙型角（牙型两侧边的夹角）为60°，其大径 d 为公称直径。同一公称直径可以有多种螺距（相邻两螺纹牙对应两点间的轴向距离），螺距最大的称为粗牙螺纹，其余都称为细牙螺纹。如图8-1所示，实线表示粗牙螺纹，虚线表示细牙螺纹。由图可见，细牙螺纹的螺距小、牙细、小径大，故自锁性好，对螺纹件的强度削弱小。但细牙螺纹的工作高度小，不耐磨，磨损后易滑扣，常用于薄壁零件、受振动、冲击或变载荷的连接，还可用于微调机构中。

2. 管螺纹

管螺纹是常用于管子连接的螺纹，管螺纹牙型角为55°，公称直径为管子的内径。管螺纹分为圆柱管螺纹和圆锥管螺纹。圆柱管螺纹本身不具有密封性，若需要连接后具有密封性时，常在螺旋副间填充密封物，常用于水、煤气和润滑油管路系统中；圆锥管螺纹有1∶16的锥度，主要依靠螺纹牙的变形来保证连接的密封性，常用于高温、高压等密封性要求较高的管道连接。

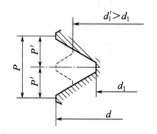

图 8-1 粗、细牙螺纹的比较

常用螺纹的特点及应用

3. 螺纹的代号

螺纹代号由特征代号和尺寸代号组成。按旋入方向分左旋螺纹和右旋螺纹两种，右旋不标注，左旋螺纹在代号之后加"LH"；粗牙普通螺纹不标注螺距，细牙螺纹必须标明螺距。

M24——表示公称直径为24mm的粗牙普通螺纹。

M24×1.5LH——表示公称直径为24mm，螺距为1.5mm的左旋细牙普通螺纹。

二、螺纹连接的基本类型

根据被连接件的特点或连接的功用，螺纹连接可分为四种基本类型。

1. 螺栓连接

螺栓连接分为两种：普通螺栓连接和铰制孔螺栓连接。

如图 8-2(a) 所示，普通螺栓连接用于被连接件厚度不大并开有通孔，通孔和螺栓杆之间留有间隙。这种连接的螺栓杆受拉，结构简单，装拆方便，应用范围较广。

图 8-2(b) 是铰制孔螺栓连接，孔和螺栓杆多采用基孔制过渡配合，孔的加工精度要求高，被连接件无需切制螺纹，主要承受横向载荷，螺栓杆受剪切和挤压，常用于被连接件需精确定位的场合。

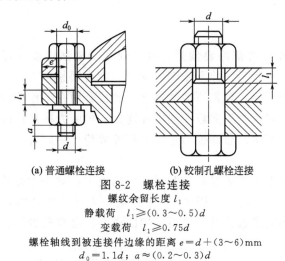

(a) 普通螺栓连接　　(b) 铰制孔螺栓连接

图 8-2 螺栓连接

螺纹余留长度 l_1
静载荷　$l_1 \geq (0.3 \sim 0.5)d$
变载荷　$l_1 \geq 0.75d$
螺栓轴线到被连接件边缘的距离 $e = d + (3 \sim 6)$mm
$d_0 = 1.1d$；$a \approx (0.2 \sim 0.3)d$
铰制孔螺栓连接时，$l_1 \approx d$

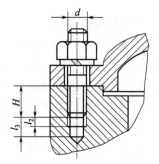

图 8-3 双头螺柱连接

拧入深度 H，当螺孔材料为：
　钢或青铜　$H \approx d$
　铸铁　$H = (1.25 \sim 1.5)d$
　铝合金　$H = (1.5 \sim 2.5)d$
$l_2 = (2 \sim 2.5)P$；$l_3 = (0.7 \sim 1.2)d$

2. 双头螺柱连接

图 8-3 为双头螺柱连接，较厚的被连接件上制成螺纹盲孔，较薄的被连接件上制成通

孔。拆卸时，只需拧下螺母而不必从螺纹孔中拧出螺柱即可将被连接件分开，常用于被连接件之一较厚而不宜制成通孔又需经常拆卸的场合。

螺纹连接的类型及螺纹标准件

3. 螺钉连接

如图 8-4 所示，这种连接不需用螺母，其用途和双头螺柱连接相似，多用于不需经常拆卸的场合。

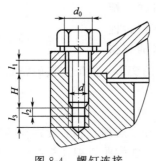

图 8-4 螺钉连接

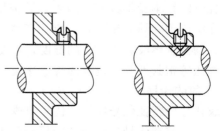

图 8-5 紧定螺钉连接

H，l_1，l_2，l_3 值同图 8-2、图 8-3。

4. 紧定螺钉连接

图 8-5 为紧定螺钉连接，将紧定螺钉旋入一零件的螺纹孔中，并用螺钉端部顶住另一零件的表面或嵌入相应的凹坑中，以固定两个零件的相对位置，并传递不大的力或转矩。

普通螺栓连接、双头螺柱连接、螺钉连接，既可承受轴向载荷也可承受横向载荷，当用来承受横向载荷时，主要靠被连接件接合面间的摩擦力承受载荷。无论是承受轴向载荷还是用于承受横向载荷，这些连接件都只受到沿轴向的拉力作用。

铰制孔螺栓连接只用于承受横向载荷，靠孔与螺栓杆间的挤压以及螺栓杆上的剪切来承受载荷。铰制孔螺栓连接虽承受横向载荷的能力强，但由于孔需精加工，安装困难，故无特殊需要常采用普通螺栓连接、双头螺柱连接或螺钉连接来承受横向载荷。

三、螺纹连接的预紧和防松

1. 螺纹连接的预紧

在生产实践中，大多数螺纹连接在安装时都需要预紧，其目的在于增强螺纹连接的刚性，提高被连接件的密封性和防松能力。预紧后螺栓所受到的轴向力称为预紧力 F_0。

对有气密性要求的管路、压力容器等连接，预紧可使被连接件的接合面在工作载荷的作用下，仍具有足够的紧密性，避免泄漏。对承受横向载荷的螺栓连接，预紧力在被连接件的接合面间产生所需的正压力，使接合面间产生的总摩擦力足以平衡外载荷。由此可见，预紧在螺栓连接中起着重要作用。

对于普通场合使用的螺纹连接，通常由人工凭经验控制预紧力的大小；对于重要螺纹连接，通常借助测力矩扳手（图 8-6）或定力矩扳手（图 8-7）来控制。大批量生产时，常用风扳机来控制预紧力的大小，当力矩达到额定数值时，风扳机中的离合器会自动脱开。

图 8-6 测力矩扳手

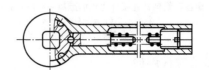

图 8-7 定力矩扳手

考虑到由于摩擦力不稳定和加在扳手上的力难以准确控制，有时可能使螺栓拧得过紧，甚至拧断，因此在重要的连接中，如果不能严格控制预紧力的大小，宜使用直径大于M12的螺栓。

螺纹连接的预紧和防松

2. 螺纹连接的防松

在静载荷作用下，连接螺纹能满足自锁要求。但在受冲击、振动或变载荷作用下，或温度变化很大时，螺纹连接可能会产生自动松脱现象。因此，螺纹连接必须考虑防松问题。

防松的根本问题就是防止螺母与螺栓杆的相对运动。常用的防松方法见表8-1。

表8-1 常用的防松方法

利用附加摩擦防松	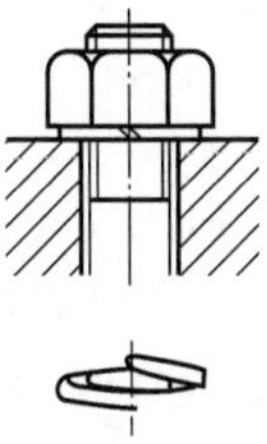 弹簧垫圈	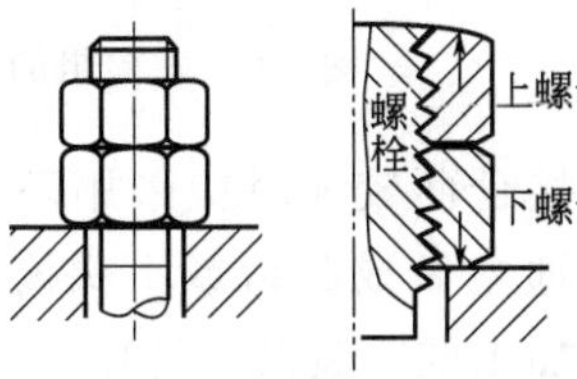 对顶螺母	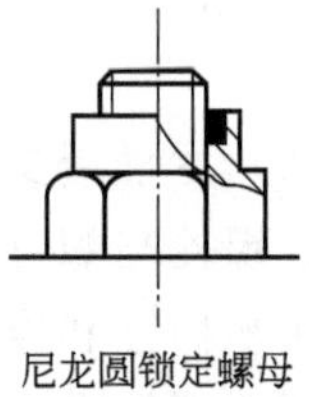 尼龙圆锁定螺母
	弹簧热圈材料为弹簧钢，装配后垫圈被压平，其反弹力能使螺纹间保持压紧力和摩擦力	利用两螺母的对顶作用使螺栓始终受到附加拉力和附加摩擦力的作用。结构简单，可用于低速重载场合	螺母中嵌有尼龙圈，拧上后尼龙圈内孔被胀大而箍紧螺栓
采用专门防松元件防松	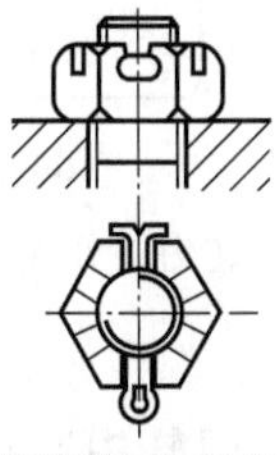 槽型螺母和开口销	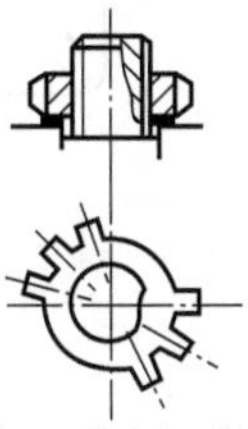 圆螺母用带翅垫圈	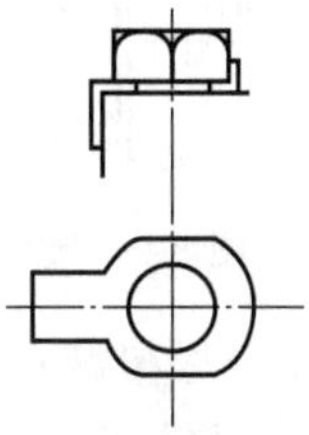 止动垫圈
	槽型螺母拧紧后，用开口销穿过螺栓尾部小孔和螺母的槽，也可以用普通螺母拧紧后再配钻开口销孔	使垫圈内翅嵌入螺栓(轴)的槽内，拧紧螺母后将垫圈外翅之一折嵌入螺母的一个槽内	将垫圈折边以固定螺母和被连接件的相对位置
其他方法防松	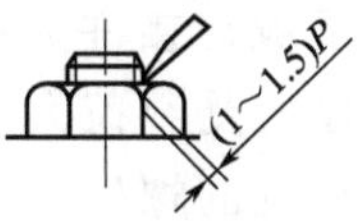 冲点法防松	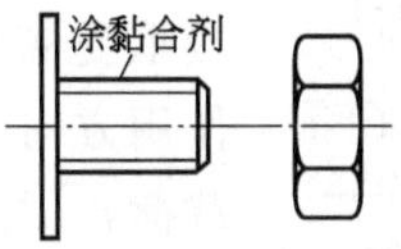 黏合法防松	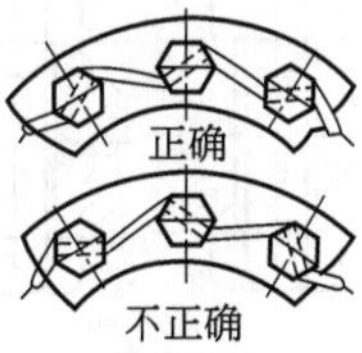 正确 不正确 串联钢丝
	用冲头冲2~3点	将黏合剂涂于螺纹旋合表面，拧紧螺母后黏合剂能自行固化，防松效果良好	用于螺栓组、螺钉组连接的防松

四、螺栓组连接的结构分析

一般情况下，大多数螺栓都是成组使用的，在结构设计时应考虑以下几方面的问题：

（1）合理布置螺栓　螺栓组的布置应尽可能对称，以使接合面受力比较均匀。连接接合面尽量采用轴对称的简单几何形状,并使螺栓组的对称中心与接合面的几何形心重合,与整台机器的外形协调一致。同一圆周上的螺栓数目应采用 3、4、6、8、12 等,以便于分度,如图 8-8 所示。

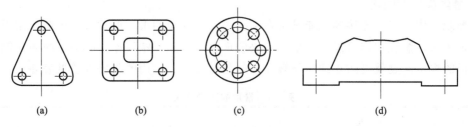

图 8-8 螺栓组的布置

(2) 尽量减少加工面　接合面较大时应采用环状结构 [图 8-8(b)]、条状结构 [图 8-8(d)];螺栓与螺母的支承面通常做成凸台或沉头座结构(图 8-9),可以减少加工面,且提高连接平稳性和连接刚度,加工或安装时,还应保证支承面与螺栓轴线相垂直,以免产生偏心载荷使螺栓受到弯曲,从而削弱强度。

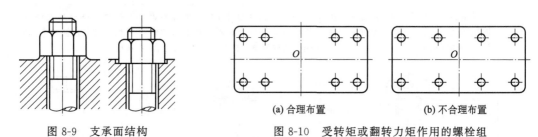

图 8-9　支承面结构　　　　图 8-10　受转矩或翻转力矩作用的螺栓组

(3) 尽量减小螺栓受力

① 受转矩或翻转力矩作用的螺栓组,螺栓布置应尽量远离回转中心或对称轴线,以使各螺栓受力较小,如图 8-10 所示。

② 受横向载荷较大的普通螺栓组,可用键、套筒、销等零件来分担横向载荷,以减小螺栓的受力和结构尺寸,如图 8-11 所示。

(4) 使螺栓受力均匀　当采用铰制孔用螺栓组连接承受横向载荷时,由于被连接件为弹性体,在载荷作用方向上,其两端螺栓所受载荷大于中间螺栓所受载荷,因此沿载荷方向布置的螺栓数目每列不宜超过 6～8 个。

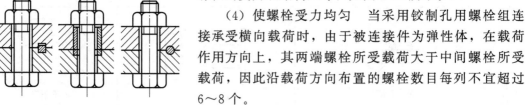

图 8-11　减载装置

(5) 螺栓布置应留有足够的扳手空间　在布置螺栓位置时,各螺栓间及螺栓中心线与机体壁之间应留有足够的扳手空间,以便于装拆,如图 8-12 所示,图中尺寸 A、B、C、D、E 请查阅有关设计手册。

(6) 螺栓规格尽量一致　在一般情况下,为了安装方便,同一组螺栓中不论其受力大小,应采用同样的材料和尺寸。

(7) 按顺序拧紧螺栓　螺栓组拧紧时,为使连接牢固、可靠、接合面受力均匀,应按一定顺序来拧紧,如图 8-13 中所标数字顺序所示,而且每个螺栓或螺母不能一次拧紧,应按顺序分 2～3 次全部拧紧。拆卸时和拧紧的顺序相反。

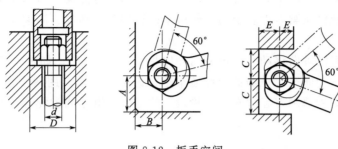

图 8-12 扳手空间

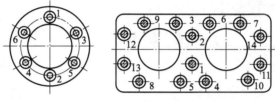

图 8-13 拧紧螺栓的顺序示例

课题二 键 连 接

键是一种标准零件，通常用来实现轴与轮毂之间的连接，其作用主要是用作周向固定或轴线移动的导向装置。键连接结构简单、工作可靠、装拆方便，因此获得了广泛的应用。键连接按键在连接中的松紧状态分为松键连接和紧键连接两大类。

轴毂连接

一、松键连接

松键连接依靠键的两侧面传递转矩。键的上表面与轮毂键槽底面间有间隙，为非工作面，不影响轴与轮毂的同心精度，装拆方便。松键连接包括平键连接和半圆键连接。

1. 平键连接

图 8-14 为普通平键连接，这种键应用最广。键的端面形状有圆头（A 型）、方头（B 型）和单圆头（C 型）三种。A 型键和 C 型键的键槽用端铣刀加工 [图 8-15(a)]，键在槽中固定较好，但槽对轴的应力集中影响较大；C 型键常用于轴的端部连接，轴上键槽通常铣

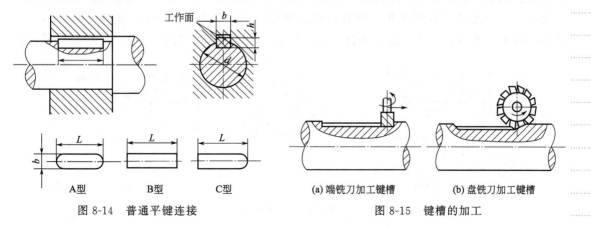

图 8-14 普通平键连接 　　　　　　图 8-15 键槽的加工

通。B 型平键键槽用盘铣刀加工 [图 8-15(b)]，槽对轴的应力集中影响较小，但对于尺寸较大的键，要用紧定螺钉压紧，以防松动。普通平键适用于高精度、高速或冲击、变载荷情况下的静连接。

当轮毂在轴上需沿轴向移动时，可采用导向平键（图 8-16），如汽车变速器中的滑动齿轮与轴之间的连接。导向平键是加长的普通平键，为防止松动，用两个螺钉固定在轴槽中，为装拆方便，在键的中部制有起键螺孔。轮毂上的键槽与键是间隙配合，当轮毂移动时，键起导向作用。

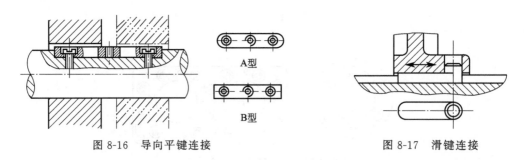

图 8-16 导向平键连接　　　　　　　图 8-17 滑键连接

若轴上零件沿轴向移动距离长时，可采用如图 8-17 所示的滑键连接。滑键固定在轮毂上，随传动零件沿键槽移动。

2. 半圆键连接

如图 8-18 所示的半圆键连接，它能在轴的键槽内摆动，以适应轮毂键槽底面的斜度，装配方便，定心性好，故适合锥形轴头与轮毂的连接；但键槽过深，对轴的削弱较大，主要用于轻载连接。

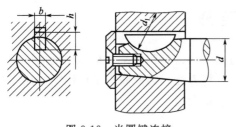

图 8-18 半圆键连接

二、紧键连接

用于紧键连接的键具有一个斜面。由于斜面的楔紧影响，使轮毂与轴产生偏心，所以紧键连接的定心精度不高。紧键连接包括楔键连接和切向键连接。

1. 楔键连接

如图 8-19 所示，楔键的上、下表面是工作面，键的上表面和轮毂键槽底面都有 1∶100 的斜度。键楔入键槽后，工作表面产生很大预紧力并靠工作面摩擦力传递转矩。它能承受单向的轴向力和起轴向固定作用。楔键分普通楔键 [图 8-19(a)] 和钩头楔键 [图 8-19(b)] 两种。钩头楔键的钩头是为便于拆卸用的，因此装配时须留有拆卸位置。外露钩头随轴转

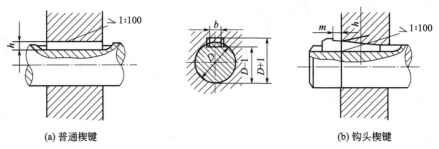

(a) 普通楔键　　　　　　　　　(b) 钩头楔键

图 8-19 楔键连接

动,容易发生事故,应加防护罩。因楔键容易使轴与毂孔产生偏心和偏斜,又由于是靠摩擦力工作,在冲击、振动或变载荷作用下键易松动,所以楔键连接仅用于对中性要求不高、载荷平稳和低速的场合。

2. 切向键连接

图 8-20 为切向键连接,它由两个普通楔键组成。装配时两个键分别自轮毂两端楔入,装配后两个相互平行的窄面是工作面,工作时主要依靠工作面直接传递转矩。单个切向键只能传递单向转矩。若需传递双向转矩,应装两个互成 120°～135° 的切向键。切向键对轴削弱较大,故只适用于速度较小、对中性要求不高、轴径大于 100mm 的重型机械。

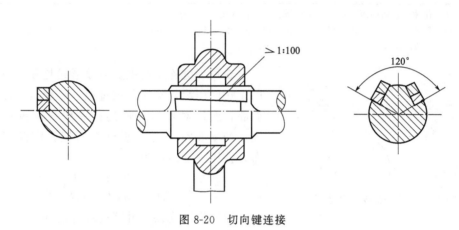

图 8-20 切向键连接

三、平键连接的选择与强度校核

键是标准件,设计时先根据键连接的结构特点、使用要求和工作条件选择键的类型;按轴的直径从键的国家标准中选取键的截面尺寸,见表 8-2,键的长度根据轮毂长度确定,键长应比轮毂长度小 5～10mm,并符合标准中规定的长度系列。在必要时进行强度校核。

表 8-2　普通平键和键槽的尺寸 (摘自 GB/T 1095—2003)　　　　　　　　mm

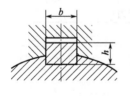 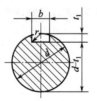 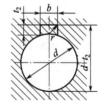

轴的直径 d	键的尺寸		键槽			
	b	h	t_1	t_2	半径 r	
自 6～8	2	2	1.2	1	0.08～0.16	
>8～10	3	3	1.8	1.4		
>10～12	4	4	2.5	1.8		
>12～17	5	5	3.0	2.3	0.16～0.25	
>17～22	6	6	3.5	2.8		
>22～30	8	7	4.0	3.3		

续表

轴的直径 d	键的尺寸		键槽			
	b	h	t_1	t_2		半径 r
>30～38	10	8	5.0	3.3		
>38～44	12	8	5.0	3.3		
>44～50	14	9	5.5	3.8		0.25～0.4
>50～58	16	10	6.0	4.3		
>58～65	18	11	7.0	4.4		
>65～75	20	12	7.5	4.9		0.4～0.6
>75～85	22	14	9.0	5.4		

注：1. 在工作图中，轴槽深用 $d-t_1$ 或 t_1 标注，毂槽深用 $d+t_2$ 标注。

2. L(mm) 系列为：6，8，10，12，14，16，18，20，22，25，28，32，36，40，45，50，56，63，70，80，90，100，110，125，140，160，180，200，220，250，…。

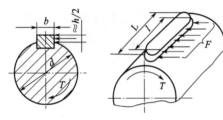

图 8-21 平键连接受力分析

普通平键连接的主要失效形式是强度较弱零件的工作面压溃，除非严重过载，一般很少出现键被剪断，所以对普通平键连接一般只需校核挤压强度。如图 8-21 所示，设载荷沿键长和高度均匀分布，挤压强度条件为

$$\sigma_p = \frac{F}{A} \approx \frac{2T/d}{lh/2} = \frac{4T}{dhl} \leqslant [\sigma]_p \tag{8-1}$$

导向平键连接和滑键连接为动连接，其主要失效形式为磨损，因此对其进行耐磨性计算，限制压强，其强度条件为

$$p = \frac{4T}{dhl} \leqslant [p] \tag{8-2}$$

式中，F 为圆周力，N；A 为挤压面积，mm^2；T 为转矩，N·mm；d 为轴径，mm；h 为键的高度，mm；l 为键的工作长度，mm，对于 A 型键，$l=L-b$，B 型键，$l=L$，C 型键，$l=L-b/2$，L 为键的长度，一般要求 $l \leqslant (1.6 \sim 1.8)d$，以免因键过长载荷分布不均；$\sigma_p$、$[\sigma]_p$ 分别为挤压应力和连接中较弱零件的许用挤压应力，MPa；p、$[p]$ 分别为压强和连接中较弱零件的许用压强，MPa。键连接的许用应力值见表 8-3。

表 8-3 键连接的许用应力　　　　　　　　　　MPa

许用值	零件材料	载荷性质		
		静载荷	轻微冲击	冲击
$[\sigma]_p$	钢	120～150	100～120	60～90
	铸铁	70～80	50～60	30～45
$[p]$	钢	50	40	30

若校核键的强度不够，可适当增加轮毂及键的长度，也可采用两个键按 180°布置，但考虑载荷分布的不均匀性，在强度计算时按 1.5 个键计算。

【例 8-1】 如图 8-22 所示，一钢制直齿圆柱齿轮与钢轴的键连接，已知装齿轮处轴的直径 $d=45$mm，齿轮轮毂宽 80mm，该轴传递的转矩 $T=500$kN·mm，载荷有轻微冲击。试选择键连接的类型和尺寸，并校核其强度。

解 （1）选择键连接的类型和尺寸

选 A 型平键，根据轴的直径和轮毂宽度，由表 8-2 查得键的截面尺寸为 $b=14\text{mm}$，$h=9\text{mm}$，$L=80-(5\sim10)\text{mm}=(75\sim70)\text{mm}$，取 $L=70\text{mm}$。

（2）校核挤压强度

由表 8-3 查得许用挤压应力 $[\sigma]_p=(100\sim120)\text{MPa}$，则

$$\sigma_p=\frac{4T}{dhl}=\frac{4\times500\times10^3}{45\times9\times(70-14)}=88.18\text{MPa}<[\sigma]_p$$

故该键连接的挤压强度足够。

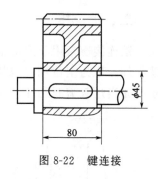

图 8-22　键连接

课题三　其他连接

一、花键连接

当要求传递的转矩很大，普通平键不能满足要求时，应采用花键连接。花键连接是由周向均布的多个键齿的花键轴与带有相应的键齿槽的轮毂相配合而组成的连接，如图 8-23 所示。与平键连接相比，花键连接的特点是：键齿数多，承载能力强；键槽较浅，应力集中小，对轴和毂的强度削弱也小；键齿均布，受力均匀；轴上零件与轴的对中性和导向性好；但加工需要专用设备，成本较高。故它适用于定心精度要求较高、载荷较大的静连接和动连接，特别是在飞机、汽车、拖拉机、机床及农业机械中应用较广。

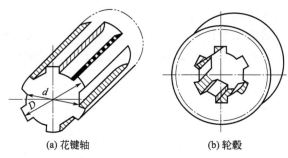

图 8-23　花键连接

花键连接已标准化，按齿形不同，分为矩形花键［图 8-24(a)］和渐开线花键［图 8-24(b)］。矩形花键定心精度高，稳定性好，轴和孔的花键齿在热处理后引起的变形可用磨削的方法消除，齿侧面为两平行平面，加工较易，应用广泛。渐开线花键的齿廓为渐开线，应力集中比矩形花键小，齿根处齿厚增加，强度高。工作时齿面上有径向力，起自动定心作用，使各齿均匀承载，寿命长。可用加工齿轮的方法加工，工艺性好，常用于传递载荷较大、轴径较大、定心精度要求高的场合。

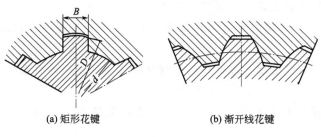

图 8-24　矩形花键和渐开线花键

二、销连接

销连接通常用于固定零件之间的相对位置[图 8-25(a)]，是组合加工和装配时的重要辅助零件，称为定位销；也用于轴毂之间或其他零件间的连接，称为连接销[图 8-25(b)]；还可充当过载剪断元件，称为安全销[图 8-25(c)]。

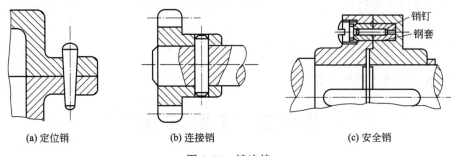

(a) 定位销　　　　　　(b) 连接销　　　　　　(c) 安全销

图 8-25　销连接

按销的形状不同可分为圆柱销和圆锥销。圆柱销靠过盈与销孔配合，适用于不常拆卸的场合。圆锥销具有 1∶50 的锥度，适用于经常拆卸的场合。圆锥销孔的加工方法是先用小端直径的钻头钻一个孔，然后用 1∶50 锥铰刀把孔的大头铰到大端尺寸即可。

对于销连接，可根据连接的结构特点按经验确定直径，必要时再进行强度校核。定位销一般不受载荷或载荷很小，其直径按结构确定，数量不得少于两个；安全销直径按销的剪切强度进行计算。

习题

一、判断题

1. 普通螺纹的公称直径指的是螺纹的大径。（　　）
2. M40×1.5 表示公称直径为 40mm，螺距为 1.5mm 的粗牙普通螺纹。（　　）
3. 当两个被连接件不太厚，便于加工成通孔时，宜采用螺栓连接。（　　）
4. 双头螺柱连接用于被连接件之一太厚而不便于加工通孔并需经常拆装的场合。（　　）
5. 在重要的连接中，如果不能严格控制预紧力的大小，宜使用直径不大于 M12 的螺栓。（　　）
6. 螺纹连接的防松就是防止螺母与螺栓杆的相对运动。（　　）
7. 普通平键的工作面是键的两侧面，工作时靠工作面的相互挤压来传递转矩。（　　）
8. 构成紧键连接的两种键是半圆键和切向键。（　　）
9. 花键连接可用于静连接，也可用于动连接。（　　）
10. 销连接主要用于固定零件之间的相对位置，有时还可做防止过载的安全销。（　　）

二、选择题

1. 相同公称尺寸的普通细牙螺纹和粗牙螺纹相比，_____的自锁性能好。
   A. 细牙螺纹　　　　　B. 粗牙螺纹
2. 当两个被连接件之一太厚，不宜制成通孔，且连接不需要经常拆装时，适宜采用_____连接。
   A. 双头螺柱　　　　　B. 螺钉　　　　　C. 螺栓

3. 设计螺栓组连接时，虽然每个螺栓的受力不一定相等，但各个螺栓仍采用相同的材料、直径和长度，这主要是为了_____。
   A. 受力均匀　　　　　　B. 外形美观　　　　　　C. 便于加工和装配
4. 设计螺栓组连接时，常把螺栓布置成轴对称的均匀的几何形状，这主要是为了_____。
   A. 受力均匀　　　　　　B. 外形美观　　　　　　C. 便于加工和装配
5. 采用凸台或沉头座孔结构作为螺栓或螺母的支承面，其目的是_____。
   A. 避免螺栓受弯曲应力　B. 外形美观　　　　　　C. 便于加工和装配
6. 螺纹连接预紧的目的是_____。
   A. 增强螺栓的强度　　　B. 防止连接自动松动　　C. 保证连接的可靠性和密封性
7. 键连接的主要用途是使轴与轮毂之间_____。
   A. 沿轴向可作相对滑动并具有导向作用
   B. 沿轴向固定并传递轴向力
   C. 沿周向固定并传递转矩
8. 普通平键的长度应根据_____来确定。
   A. 轴的直径　　　　　　B. 轮毂的长度　　　　　C. 传递的转矩
9. 键的截面尺寸 $b \times h$ 主要是根据_____来选择的。
   A. 轴的直径　　　　　　B. 轮毂的长度　　　　　C. 传递的转矩
10. 定位销数量不得少于_____个。
    A. 1　　　　　　　　　B. 2　　　　　　　　　C. 3

单元九

轴

知识目标

了解轴的类型及应用；

掌握轴的结构设计；

掌握轴的强度校核方法。

技能目标

能够进行轴的结构设计；

具备轴强度校核的能力；

具有手册及国家标准查阅和分析的基本能力。

轴的功用及类型

轴是机械中普遍使用的重要非标准零件之一，主要用于支承回转运动的零件并传递运动和动力。

课题一　轴的分类及材料

笔记

一、轴的分类

根据轴的功用和承载情况，轴可分为转轴、心轴和传动轴。

(1) 转轴　既承受转矩又承受弯矩的轴为转轴，如齿轮减速器中的输出轴（图 9-1），机器中的大多数轴都属于转轴。

(2) 心轴　只承受弯矩而不承受转矩的轴为心轴，心轴按其是否转动又可分为转动心轴［如图 9-2(a) 所示的滑轮轴］和固定心轴［如图 9-2(b) 所示自行车前轮车轴］。

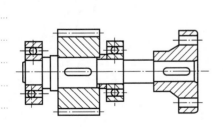

图 9-1　转轴

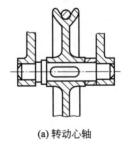

(a) 转动心轴

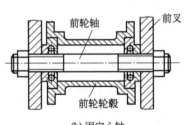

(b) 固定心轴

图 9-2　心轴

（3）传动轴 以承受转矩为主不承受弯矩或承受很小弯矩的轴，如汽车变速箱与后桥之间的轴（图 9-3）。

此外，按轴线几何形状的不同，轴还可分为直轴、曲轴和挠性轴；此外还可分为实心轴和空心轴，光轴和阶梯轴等。

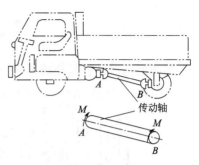

图 9-3 传动轴

二、轴的材料

轴工作时的应力大多为重复性的交变应力，所以轴的主要失效形式是疲劳破坏，因此轴的材料要求有较高的强度和刚度。另外，轴与轴上零件有相对运动的表面还应有一定的耐磨性，故轴的材料主要是碳素钢和合金钢。

碳素钢比合金钢价廉，对应力集中的敏感性较小，应用较为广泛。常用的碳素钢有 35、40、45、50 钢，其中 45 钢应用最广。为改善其力学性能，可进行正火或调质处理。对于不重要或受力较小的轴，一般无需热处理，可直接采用 Q235、Q275 等普通碳素钢。

合金钢具有更高的力学性能和更好的淬火性能，但对应力集中比较敏感，且价格较贵，故多用于要求减轻重量、提高轴颈耐磨性以及在高温或低温等特殊条件下工作的轴。在一般工作温度下，各种钢的弹性模量 E 的数值相差不大，因此选用合金钢，采用热处理方法都只能提高轴的疲劳强度或耐磨性，对提高轴的刚度没有实效。

轴也可采用铸钢、合金铸铁和球墨铸铁制造，其毛坯是铸造成型的，所以易于得到较复杂的形状。球墨铸铁具有成本低，吸振性能好，耐磨性好，对应力集中敏感性低等优点。但铸铁件品质不易控制，可靠性较差。

轴的常用材料及其力学性能见表 9-1。

表 9-1 轴的常用材料及其力学性能

材料牌号	热处理	毛坯直径 /mm	硬度 /HBW	抗拉强度 σ_b/MPa	屈服点 σ_s/MPa	弯曲疲劳极限 σ_{-1}/MPa	许用弯曲应力 $[\sigma_{-1}]_b$/MPa	应用说明
Q235	热轧或锻后空冷	≤100		400～420	225	170	40	用于不重要或载荷不大的轴
		>100～250		375～390	215			
35	正火	≤100	149～187	520	270	210	45	用于一般轴
		>100～300	143～187	500	260	205		
45	正火	≤100	170～217	600	300	240	55	用于较重要的轴,应用最广
		>100～300	162～217	580	290	235		
	调质	≤200	217～255	650	360	270	60	
40Cr	调质	≤100	241～286	750	550	350	70	用于载荷较大有强烈磨损而无很大冲击的轴
		>100～300		700	500	320		
40MnB	调质	≤200	241～286	750	500	335	70	性能接近 40Cr，用于重要的轴
35CrMo	调质	≤100	207～269	750	550	350	70	用于重载荷的轴
		>100～300		700	500	320		

课题二 轴的结构设计

轴的结构设计就是要确定轴的合理外形和各部分的结构尺寸。

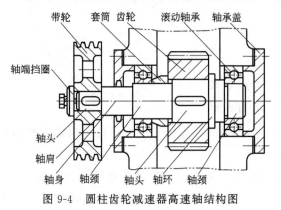

图 9-4 圆柱齿轮减速器高速轴结构图

图 9-4 为圆柱齿轮减速器高速轴的结构图。轴上与轴承配合的部分称为轴颈;与传动零件（如带轮、齿轮、联轴器）配合的部分称为轴头;连接轴颈与轴头的部分称为轴身。轴的合理结构必须满足下列基本条件:

(1) 轴和轴上零件的准确定位与固定;
(2) 轴的结构要有良好的工艺性;
(3) 尽量减小应力集中;
(4) 轴各部分的尺寸要合理等。

一、轴和轴上零件的定位与固定

1. 轴上零件的轴向定位与固定

阶梯轴上截面变化的部位称为轴肩或轴环,它对轴上零件起轴向定位作用。在图 9-4 中,带轮、齿轮和右端轴承都是依靠轴肩或轴环作轴向定位的。左端轴承是依靠套筒定位的。两端轴承盖将轴在箱体上定位。齿轮和带轮靠键连接实现圆周方向的固定。

为了使轴上零件的轮毂端面与轴肩贴紧,轴肩和轴环的过渡圆角半径 r 必须小于零件轮毂孔端的倒角 C_1 [图 9-5(a)] 或圆角半径 R [图 9-5(b)]。轴肩和轴环的高度 h 必须大于 R 或 C_1,通常取 $h = R(C_1) + (0.5 \sim 2)$ 或 $h = (0.07 \sim 0.1)d$,轴环的宽度 $b \geqslant 1.4h$。轴上的倒角和圆角半径可参考表 9-2 选取。安装滚动轴承处的定位轴肩或轴环高度必须低于轴承内圈端面高度。轴肩或轴环作轴向固定结构简单,能承受较大的轴向力。

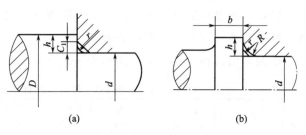

图 9-5 轴肩与轴环定位

表 9-2 轴上的倒角和圆角半径

直径 d	>10~18	>18~30	>30~50	>50~80	>80~120
r 最大	0.8	1.0	1.6	2.0	2.5
R 及 C_1	1.6	2	3	4	5
直径 d	>10~18	>18~30	>30~50	>50~80	>80~120
C 最大	0.8	1.0	1.6	2.0	2.5

续表

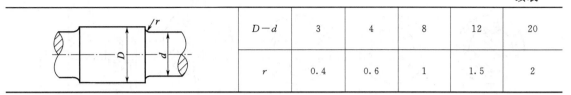

$D-d$	3	4	8	12	20
r	0.4	0.6	1	1.5	2

在工作中为了防止轴上零件沿轴线方向移动,并承受轴向力,必须对轴上零件进行固定。常用的轴向定位和固定方法见表 9-3。

表 9-3 轴向零件的轴向定位和固定方法

轴向定位及固定方法	特点及应用
套筒	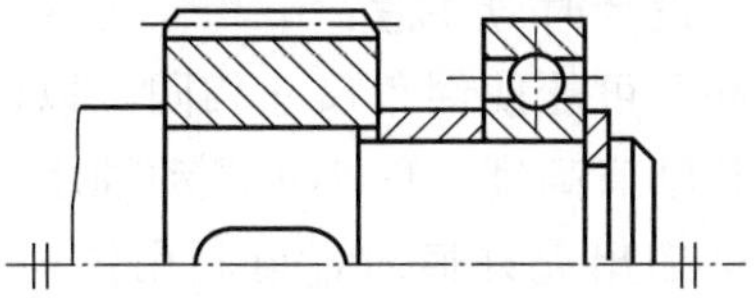 当两零件相隔距离不大时,采用套筒作轴向固定,其结构简单,固定可靠,承受轴向力大,但不宜用于高转速轴。与被固定零件配合的轴段长度应小于被固定零件 2~3mm
圆螺母	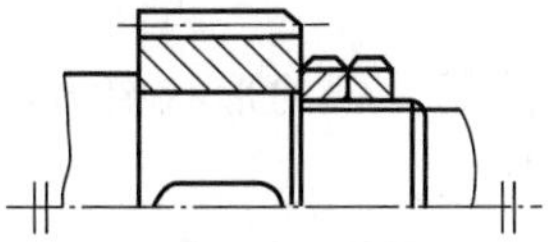 常用于承受较大的轴向力且轴上允许车制螺纹的场合,螺纹对轴的强度削弱较大,应力集中严重
紧定螺钉	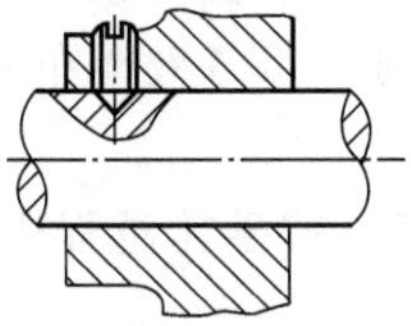 承受轴向力小或不承受轴向力的场合
圆锥销	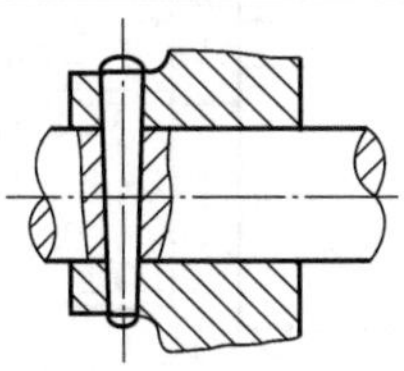 兼起轴向固定和周向固定的作用,但对轴的强度削弱严重,只能用于传递小功率的场合
弹性挡圈	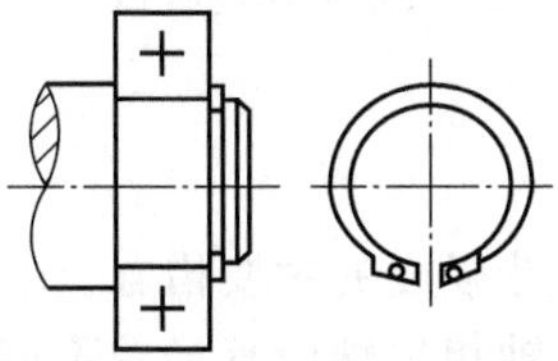 承受轴向力小或不承受轴向力的场合,常用于滚动轴承的轴向固定
轴端挡圈	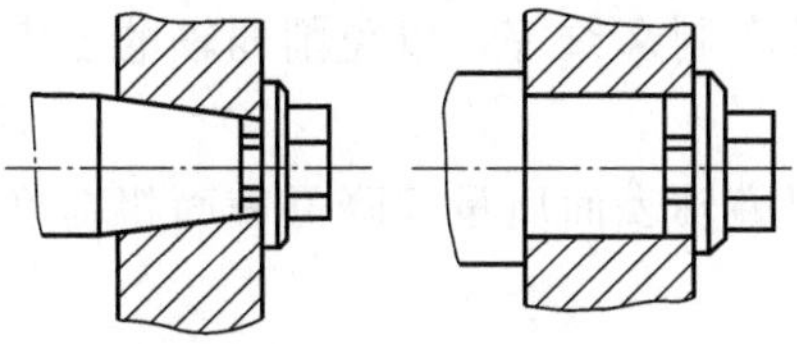 常用于圆锥形轴端或圆柱形轴端上的零件需要轴向固定的场合

2. 轴上零件的周向定位与固定

为了传递转矩,防止零件与轴产生相对转动,轴上零件还需进行周向固定。常用的周向固定方法有键连接、花键连接和过盈配合等。当传递转矩很小时,可采用紧定螺钉或销,同时实现轴向和周向固定。具体形式如图 9-6 所示。

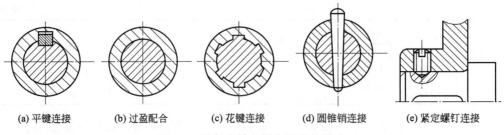

图 9-6 零件在轴上周向固定的形式

(a) 平键连接　(b) 过盈配合　(c) 花键连接　(d) 圆锥销连接　(e) 紧定螺钉连接

二、轴的结构工艺性

为了便于安装和拆卸，一般的轴均为阶梯轴，设计时应注意：

(1) 为避免损伤配合零件，各轴端需倒角，并尽可能使倒角尺寸相同，以便于加工。

(2) 为使左、右端轴承易于拆卸，套筒高度和轴肩高度均应小于滚动轴承内圈高度。若因结构上的原因轴肩高度超出允许值时，可利用锥面或阶梯过渡，如图 9-7 所示。

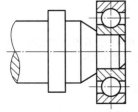

图 9-7 轴肩的过渡

(3) 在保证工作性能条件下，轴的形状要力求简单，减少阶梯数，以减少应力集中并方便加工。

(4) 轴上的过渡圆角半径尽量取值一致。

(5) 同一轴上有多个单键时，将各键槽布置在同一母线上，尺寸应尽可能一致，以便于加工。

(6) 车制螺纹或磨削时，应留出螺纹退刀槽（图 9-8）或砂轮越程槽（图 9-9）。

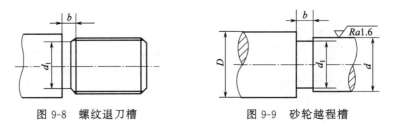

图 9-8 螺纹退刀槽　　图 9-9 砂轮越程槽

三、提高轴的疲劳强度

减小应力集中和提高轴的表面质量是提高轴的疲劳强度的主要措施。

减小应力集中的方法有：减小轴截面突变，阶梯轴相邻轴段直径差不能太大，并以较大的圆角半径过渡；尽可能避免在轴上开槽、孔及车制螺纹等，以免削弱轴的强度和造成应力集中源。

轴的表面质量对疲劳强度有显著的影响。提高轴表面质量除降低表面粗糙度值外，还可采用表面强化处理，如滚压、喷丸等。

四、轴的直径和长度

1. 各段轴的直径

进行轴的初步设计时，由于轴承及轴上零件位置均不确定，不能求出支反力和弯矩分布情况，因而无法按弯曲强度计算轴的危险截面直径，只能用估算法来初步确定轴的直径。在进行轴的结构设计前,先对所设计的轴按抗扭强度条件初步估算轴的最小直径。待轴的结构设计基本完成之后,再对轴进行全面的受力分析及强度、刚度校核。

由材料力学可知,圆轴扭转时的强度条件为

$$\tau_{\max}=\frac{T}{W_P}=\frac{9.55\times10^6 P}{0.2d^3 n}\leqslant[\tau] \qquad(9-1)$$

式中,τ 和 $[\tau]$ 分别是轴的扭转切应力和许用切应力,MPa;T 是轴的扭矩,N·mm;W_P 是轴的抗扭截面系数,mm³;P 是轴传递的功率,kW;n 是轴的转速,r/min;d 是轴的直径,mm。

可用上式初步估算轴的直径,但需将 $[\tau]$ 适当降低,以补偿弯矩对轴的强度影响。由上式可改写成设计公式

$$d\geqslant\sqrt[3]{\frac{9.55\times10^6 P}{0.2[\tau]n}}=C\sqrt[3]{\frac{P}{n}} \qquad(9-2)$$

式中,C 为由轴的材料和承载情况确定的常数,其值见表9-4。

表9-4 轴常用材料的 $[\tau]$ 和 C 值

轴的材料	Q235,20	35	45	40Cr,35SiMn
$[\tau]$/MPa	15~25	20~35	25~45	35~55
C	149~126	135~112	126~103	112~97

由公式(9-2)所得的直径,作为轴的最小直径。当此轴段开有键槽时,应增大轴径,单键增大 5%~7%,双键增大 10%~15%,然后圆整为标准直径或与相配合零件的孔径相吻合。

轴的其他部位直径应根据具体情况合理确定。轴颈与滚动轴承配合时,其直径必须符合轴承的内径系列;轴头的直径应与配合零件的轮毂内径相同,应采用按优先数系制定的轴头标准直径尺寸,见表9-5;轴上车制螺纹部分的直径,必须符合外螺纹大径的标准系列。

表9-5 按优先数系制定的轴头标准直径(GB/T 2822—2005) mm

12	14	16	18	20	22	24	25	26	28	30	32	34	36
38	40	42	45	48	50	53	56	60	67	71	75	80	85
90	95	100	105	110	120	130	140	150	160	170	180	190	200

2. 各段轴的长度

轴各段长度,应根据轴上零件的宽度和零件的相互位置来确定。确定轴的各段长度时应考虑保证轴上零件轴向定位的可靠,与齿轮、联轴器等相配合部分的轴长,一般应比轴毂的长度短 2~3mm。

【例9-1】 图9-10是一轴系部件的结构图,在轴的结构和零件固定方面存在一些不合理的地方,试在图上标出,并说明不合理现象,最后画出正确的轴系部件的结构图。

解 1—四处不合理:①联轴器应打通孔;②安装联轴器的轴段应有定位轴肩;③安装联轴器的轴段上应有键;④联轴器凸缘上应有孔,以安装螺栓。

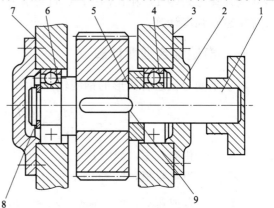

图9-10 轴结构改错图

2—三处不合理：①轴承端盖和轴接触处应留有间隙；②轴承端盖和轴接触处应装有密封圈；③轴承端盖的加工面与非加工面最好分开。

3—三处不合理：①箱体端面与轴承盖接触处无凸台，使箱体端面加工面积过大；②箱体端面与轴承盖间缺少调整垫片，无法调整轴承间隙；③箱体本身的剖面不应该画剖面线。

4—安装轴承的轴段过长，轴承装配不方便，应采用阶梯轴。

5—两处不合理：①安装齿轮的轴段长度应短于齿轮轮毂宽度，否则齿轮无法轴向定位；②套筒直径太大，套筒的最大直径应小于轴承内圈的最小直径，以方便轴承拆卸。

6—两处不合理：①轴环过高，轴承无法拆卸；②安装轴承的轴段应留有越程槽。

7—与序号3相同。

8—该结构可以不用，由端盖单向固定即可。

9—键太长，键的长度应小于齿轮轮毂的宽度。

轴结构的改正如图9-11所示。

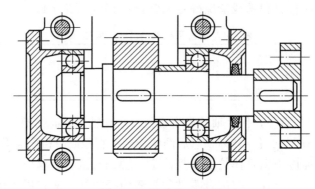

图 9-11 轴结构正确图

课题三　轴的强度校核

当轴的结构设计完成后，轴上零件的位置均已确定，轴上所受载荷的大小、方向、作用点及支点跨距均为已知，此时可按弯扭组合强度校核轴的强度。

轴的强度计算应根据轴上载荷情况的不同而采用相应的计算方法。对于传动轴，可按扭转强度计算公式（9-1）和式（9-2）进行计算；对于心轴，可按弯曲强度计算；对于转轴，应按弯扭组合强度计算。

一、弯扭组合强度计算

对于承受弯扭组合变形的钢制轴，由第三强度理论可得

$$\sigma_e = \frac{M_e}{W_z} = \frac{\sqrt{M_n^2 + (\alpha T)^2}}{0.1 d^3} \leqslant [\sigma_{-1}]_b \tag{9-3}$$

式中　σ_e——相当应力，MPa；

M_e——当量弯矩，N·mm；

M_n——合成弯矩，N·mm，$M_n = \sqrt{M_z^2 + M_y^2}$；

α——根据转矩性质而定的折合系数，转矩不变时，$\alpha = 0.3$；转矩为脉动循环变化

时，$\alpha=0.6$；对于频繁正反转的轴，转矩按对称循环处理，$\alpha=1$；若转轴变化规律不清楚时，一般按脉动循环转矩处理。

设计轴的直径时，可将公式(9-3)改写为

$$d \geqslant \sqrt[3]{\frac{M_e}{0.1[\sigma_{-1}]_b}} \tag{9-4}$$

对于有键槽的危险截面，单键时轴径应加大 3%；双键时轴径加大 7% 左右。由式(9-4)求得的直径如小于或等于由结构确定的轴径，说明原轴径强度足够；否则应加大各轴段的直径。

对于一般用途的轴，按上述方法计算已足够精确。对重要的轴，还应按疲劳强度条件精确计算，其内容可参考有关书籍。

二、轴的设计步骤

(1) 选择轴的材料。

(2) 按扭转强度式(9-2)估算轴的最小直径。

(3) 设计轴的结构，绘出轴的结构草图。

由轴最小直径递推各段轴的直径，相邻两段轴直径通常相差 5~10mm；各段轴的长度由轴上各零件的宽度及装配空间确定。

(4) 绘制轴的空间受力图。

作用在轴上零件的力作用点取为零件轮毂宽度的中点，轴承反力的作用点近似取在轴承宽度的中点；将轴上作用力分解为水平平面受力和垂直平面受力。分别作出水平平面和垂直平面的受力图，并求出水平平面和垂直平面上的支点反力。

(5) 分别绘制水平平面和垂直平面的弯矩图，并计算出合成弯矩。

(6) 绘制扭矩图，计算当量弯矩。

(7) 校核轴危险截面的强度。若危险截面强度不够，则必须重新修改轴的结构。

【例 9-2】 如图 9-12 所示为一带式输送机传动系统，已知输出轴功率 $P=2.5\text{kW}$，转速 $n=135\text{r/min}$，大齿轮分度圆直径 $d_{\mathrm{II}}=282.5\text{mm}$，轮毂宽度 55mm，单向运转，工作载荷平稳。试设计直齿圆柱齿轮减速器的输出轴。

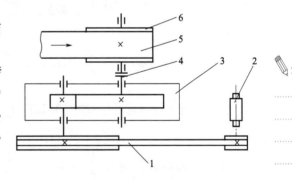

图 9-12 带式输送机传动系统
1—V 带传动；2—电动机；3—减速器；
4—联轴器；5—输送带；6—滚筒

解 (1) 选择轴的材料并确定许用应力

选用 45 钢正火处理，由表 9-1 查得许用弯曲应力 $[\sigma_{-1}]_b=55\text{MPa}$。

(2) 估算轴的最小直径

由表 9-4 查取 $C=126\sim103$，则

$$d=C\sqrt[3]{\frac{P}{n}}=(126\sim103)\sqrt[3]{\frac{2.5}{135}}=33.33\sim27.35\,(\text{mm})$$

考虑有键槽，将直径增大 5%，则

$$d=(33.33\sim27.35)\times1.05=35\sim28.6\,(\text{mm})$$

此段轴的直径和长度应与联轴器相符，选用 TL6 型弹性套柱销联轴器，其轴孔直径为 32mm，和轴配合部分长度为 82mm，故轴输出端直径 $d=32\text{mm}$。

① 轴上零件的定位、固定和装配

如图 9-13 所示，单级减速器中，可将齿轮安排在箱体中部，相对两轴承对称布置，齿轮左边由轴肩定位，右边用套筒轴向固定，周向固定靠平键和过渡配合。左右轴承均以套筒定位（考虑轴承采用脂润滑，为防止箱体内润滑油进入轴承，造成润滑脂稀释流出，在箱体轴承座内端面一侧安装挡油环；若轴承采用油润滑，则左边轴承可用轴肩定位，左右轴承均无需挡油环），周向则采用过渡配合或过盈配合固定。联轴器以轴肩轴向定位，右端用轴端挡圈轴向固定，平键连接作周向固定。轴做成阶梯形，挡油环和左轴承从左边装入，齿轮、套筒、右轴承和联轴器依次从右边装到轴上。

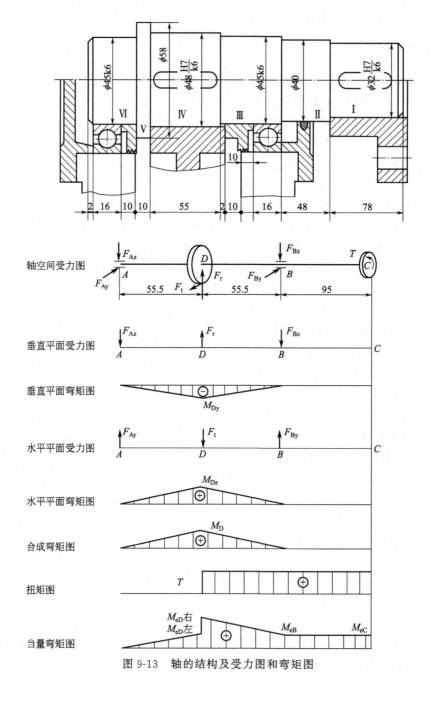

图 9-13 轴的结构及受力图和弯矩图

② 确定轴各段直径和长度

Ⅰ段：轴的最小直径已经确定 $d_1=32$mm。

为保证轴端挡圈压紧联轴器，其长度应比联轴器的轮毂长度（82mm）略小，取 $L_1=78$mm。

Ⅱ段：取 $d_2=40$mm［联轴器需要轴肩定位，由表 9-2 得倒角 $C_1=3$mm，取轴肩高度 $h=R(C_1)+(0.5\sim 2)=3+1=4$（mm），所以取 $d_2=32+2h=40$（mm），且符合毡圈密封标准轴径］。

为保证拆卸轴承端盖或松开端盖加润滑油及调整轴承时，联轴器不与轴承端盖连接螺钉相碰，联轴器左端面与端盖间应有不小于 15～20mm 的间隙，再考虑箱体和轴承端盖的尺寸确定轴段Ⅱ的长度，取 $L_2=48$mm。

Ⅲ段：该段轴径由滚动轴承的内径来决定。为便于轴承装拆，减少轴承与轴配合的精加工面长度，应取 $d_3>d_2$，且与轴承内径标准系列相符，故取 $d_3=45$mm（选 6009 型深沟球轴承，其内径为 45mm，宽度为 16mm）。轴承用挡油环（兼作套筒）定位，根据轴承对安装尺寸的要求（附录附表1），挡油环右侧高度应取 3mm。

该轴段长度 L_3 的确定如下：考虑箱体铸造误差，保证齿轮两侧端面与箱体内壁不相碰，齿轮端面至箱体内壁应有 10～15mm 的距离，本设计取 10mm。为保证轴承含在箱体轴承座孔内，并考虑轴承润滑［图示为脂润滑，应设挡油环（兼作套筒定位）］，为此轴承端面至箱体内壁应有 10～15mm 的距离，本设计取 10mm（如为油润滑应取 3～5mm），故挡油环的总宽度为 20mm。Ⅳ段安装齿轮段长度应比轮毂宽度小 2mm，因此，$L_3=16+20+2=38$（mm）。

Ⅳ段：安装齿轮，此直径尽可能采用推荐的轴头标准系列值（表 9-5），但轴尺寸不宜取得过大，取 $d_4=48$mm。

该段长度应小于齿轮轮毂宽度，故取 $L_4=53$mm。

Ⅴ段：齿轮左端用轴环定位，由表 9-2 得倒角 $C_1=3$mm，取轴肩高度 $h=R(C_1)+(0.5\sim 2)=3+2=5$（mm），所以取 $d_5=48+2h=58$mm，取 $L_5=10$mm（$b\geqslant 1.4h$）。

Ⅵ段：取 $d_6=45$mm（同一轴的两端轴承常用同一型号，以便于保证轴承座孔的同轴度及轴承的购买、安装和维修）。因为是一级减速器，齿轮相对于箱体对称布置，基于和轴段Ⅲ同样的考虑，取 $L_6=10+16+2=28$（mm）。

绘制轴的结构设计草图，如图 9-13 所示。

(3) 按弯扭组合进行强度校核

① 绘制轴的空间受力图

由轴的结构草图（图 9-13），可确定出轴承支点跨距 $L_{AD}=L_{DB}=55.5$mm，悬臂 $L_{BC}=95$mm，由此可以画出轴的空间受力简图。

输出轴转矩 $T=9.55\times 10^6\dfrac{P}{n}=9.55\times 10^6\times \dfrac{2.5}{135}=176852$（N·mm）

圆周力 $$F_t=\dfrac{2T}{d_{\mathrm{II}}}=\dfrac{2\times 176852}{282.5}=1252\text{（N）}$$

径向力 $$F_r=F_t\tan 20°=1252\times 0.364=455.7\text{（N）}$$

② 垂直面弯矩图

轴承反力 $$F_{Az}=F_{Bz}=\dfrac{F_r}{2}=\dfrac{455.7}{2}=227.8\text{（N）}$$

垂直面弯矩 $M_{Dy} = F_{Az} \times 55.5 = 227.8 \times 55.5 = 12645$ (N·mm)

③ 水平面弯矩图

轴承反力 $F_{Ay} = F_{By} = \dfrac{F_t}{2} = \dfrac{1252}{2} = 626$ (N)

水平面弯矩 $M_{Dz} = F_{Ay} \times 55.5 = 626 \times 55.5 = 34743$ (N·mm)

④ 求合成弯矩并画弯矩图

$$M_D = \sqrt{M_{Dy}^2 + M_{Dz}^2} = \sqrt{12645^2 + 34743^2} = 36973 \text{ (N·mm)}$$

⑤ 作扭矩图

$$T = 176852 \text{N·mm}$$

⑥ 求当量弯矩并画弯矩图

轴的应力为脉动循环应力，取 $\alpha = 0.6$，则

$$M_{eD}^{左} = M_D = 36973 \text{N·mm}$$

$$M_{eD}^{右} = \sqrt{M_D^2 + (\alpha T)^2} = \sqrt{36973^2 + (0.6 \times 176852)^2} = 112368 \text{ (N·mm)}$$

⑦ 校核危险截面的强度

$$\sigma_e = \dfrac{M_{eD}^{右}}{0.1 d_4^3} = \dfrac{112368}{0.1 \times 48^3} = 10.2 \text{MPa} < 55 \text{MPa}$$

所以，轴的强度足够。

也可用式(9-4)计算轴的直径，来比较危险截面的直径是否合适。

$$d \geq \sqrt[3]{\dfrac{M_e}{0.1[\sigma_{-1}]_b}} = \sqrt[3]{\dfrac{112368}{0.1 \times 55}} = 27.34 \text{ (mm)}$$

有键槽 $d \geq 27.34 \times 1.03 = 28.2$mm，实际危险截面 $d_4 = 48$mm，大于计算值，说明满足要求。

具体设计时，上述方法任选一种即可。

(4) 绘制轴的零件图（略）。

习题

一、判断题

1. 根据轴的功用和承载情况，轴可分为转轴、心轴和传动轴。（   ）

2. 自行车的前后轮轴都是心轴。（   ）

3. 一般机械中的轴多采用阶梯轴，以便于零件的装拆、定位。（   ）

4. 转轴仅用于传递运动，只受扭矩作用而不受弯矩作用。（   ）

5. 轴的材料常用碳素钢，重要场合采用合金钢。（   ）

6. 轴的表面强化处理，可以避免产生疲劳裂纹，提高轴的承载能力。（   ）

7. 为使轴承易于拆卸，套筒高度和轴肩高度均应小于滚动轴承内圈高度。（   ）

8. 同一轴上有多个单键时，将各键槽布置在同一母线上，尺寸应尽可能一致，以便于加工。（   ）

9. 用扭转强度条件确定的轴径是阶梯轴的最大直径。（   ）

10. 轴上各部位开设倒角都是为减少应力集中。（   ）

二、选择题

1. 仅用以支承旋转零件而不传递动力,即只受弯曲而不受扭矩作用的轴,称为_____。
   A. 转轴　　　　　　　　B. 心轴　　　　　　　　C. 传动轴

2. 对受载荷较小的轴,常用材料为_____。
   A. 45 钢　　　　　　　　B. 合金钢　　　　　　　C. 普通碳素钢

3. 与轴承配合的轴段是_____。
   A. 轴头　　　　　　　　B. 轴颈　　　　　　　　C. 轴身

4. 增加轴在截面变化处的过渡圆角半径,其目的在于_____。
   A. 降低应力集中,提高轴的疲劳强度
   B. 便于实现轴向定位
   C. 便于轴的加工

5. 当轴上零件要求承受轴向力时,采用_____来进行轴向定位,所能承受的轴向力较大。
   A. 紧定螺钉　　　　　　B. 圆螺母　　　　　　　C. 弹性挡圈

6. 齿轮、带轮等必须在轴上固定可靠并传递转矩,广泛采用_____作周向固定。
   A. 过盈配合　　　　　　B. 销连接　　　　　　　C. 键连接

7. 轴上零件轮毂宽度应_____与之配合的轴段长度。
   A. 大于　　　　　　　　B. 小于　　　　　　　　C. 等于

8. 为使零件轴向定位可靠,轴上的倒角或圆角半径须_____轮毂孔的倒角或圆角半径。
   A. 大于　　　　　　　　B. 小于　　　　　　　　C. 等于

9. 与滚动轴承配合的轴段直径,必须符合滚动轴承的_____标准系列。
   A. 外径　　　　　　　　B. 内径　　　　　　　　C. 宽度

10. 将转轴设计成阶梯形,其主要目的是_____。
    A. 便于轴的加工　　　　B. 提高轴的疲劳强度　　C. 便于轴上零件的固定和装拆

三、综合题

1. 分析图 9-14 所示减速器的输出轴的结构错误,并加以改正。

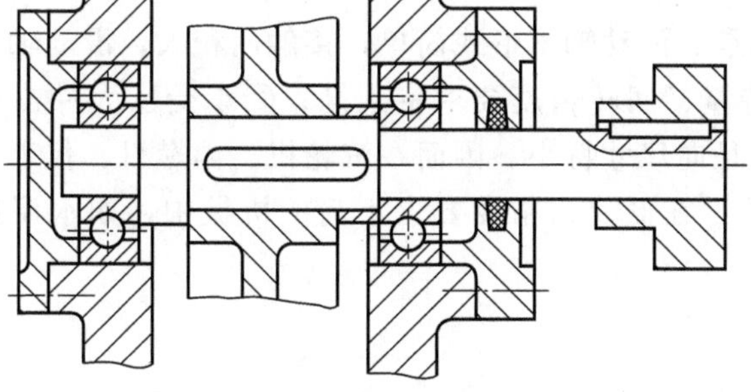

图 9-14　题三、1 图

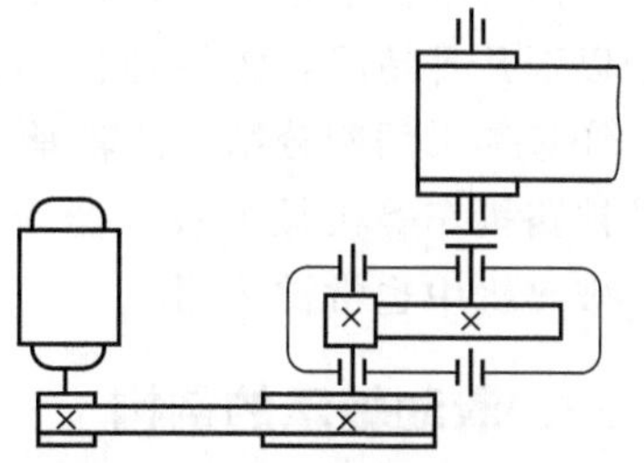

图 9-15　题三、2 题

2. 试设计直齿圆柱齿轮减速器(图 9-15)的低速轴。已知轴的转速 $n=100\text{r/min}$,传递功率 $P=3\text{kW}$,轴上齿轮参数 $z=60$,$m=3\text{mm}$,齿宽为 70mm,工作载荷平稳,单向运转。

单元十 轴承

知识目标

了解滑动轴承的结构类型、特点及适用范围；

了解轴承的润滑形成条件和结构形式；

掌握滚动轴承主要类型、特点、适用场合、代号；

了解滚动轴承的受力分析、失效形式及设计计算准则；

掌握滚动轴承的寿命计算；

了解滚动轴承的常见组合设计形式。

技能目标

能合理选用滚动轴承；

能合理选用滚动轴承组合设计形式；

具备滚动轴承寿命计算的能力。

轴承是各类机械设备中用来支承轴和轴上零件的重要零部件，用以保证轴的回转精度，减少轴与支承面简单摩擦和磨损。按摩擦性质，轴承分为滑动轴承和滚动轴承两大类。在一般机器中，如无特殊使用要求，优先推荐使用滚动轴承。

课题一 滑动轴承

在滑动摩擦下运转的轴承称为滑动轴承。滑动轴承形式简单，接触面积大，滑动轴承适用于以下几种情况：①转速极高、承载特重、回转精度要求特别高；②承受巨大冲击和振动；③必须采用剖分结构的轴承；④要求径向尺寸特小。因而在汽轮机、内燃机、仪表、机床及铁路机车等机械上被广泛应用。此外，在低速、精度要求不高的机械中，如水泥搅拌机、破碎机中也常被采用。

一、滑动轴承的结构

滑动轴承按其承受载荷的方向，可分为承受径向载荷的径向滑动轴承和承受轴向载荷的止推滑动轴承。

1. 径向滑动轴承

（1）整体式滑动轴承 如图 10-1 所示，整体式滑动轴承由轴承座和轴套组成，轴承座上部有油孔，轴套内有油沟，分别用以加油和引油，以便润滑。这种轴承结构简单，但装拆时轴或轴承需轴向移动，而且轴套磨损后轴承间隙无法调整。它多用于低速轻载或间歇工作的机械。

（2）对开（剖分）式滑动轴承　如图10-2所示，对开式滑动轴承由轴承座、轴承盖、轴瓦和螺栓等组成。轴承盖与轴承座接合处做成台阶形止口，以便于对中。上、下两片轴瓦直接与轴接触，装配后应适度压紧，使其不随轴转动。轴承盖上有螺纹孔，可安装油杯或油管，轴瓦上有油孔和油沟。

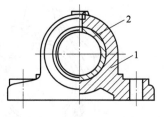

图 10-1　整体式滑动轴承
1—轴承座；2—轴套（轴瓦）

滑动轴承的结构与轴瓦

对开式轴承按对开面位置，可分为平行于底面的正滑动轴承（图10-2）和与底面成45°的斜滑动轴承（图10-3），以便承受不同方向的载荷。

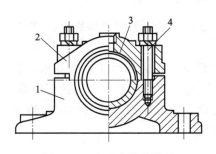

图 10-2　对开式滑动轴承
1—轴承座；2—轴承盖；3—轴瓦；4—螺栓

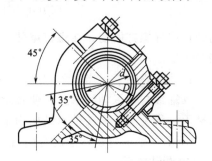

图 10-3　对开式斜滑动轴承

对开式滑动轴承装拆方便，可调整轴承孔与轴颈之间的间隙，因此应用广泛。

如图10-4为连杆组件。连杆小头为整体式轴承；为了将活塞和连杆从汽缸套抽出，连杆大头采用对开式轴承。汽油机连杆大头采用平切口（图10-4），柴油机连杆大头既有平切口，也有斜切口（图10-5）。

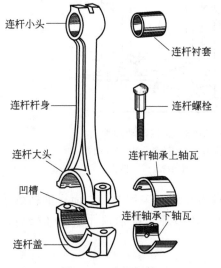

图 10-4　连杆组件

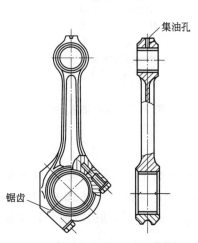

图 10-5　斜切口连杆

柴油机连杆大头斜剖分与连杆轴线成30°~60°夹角，当作功冲程时，大头上盖承受爆发压力时可提高其强度，排气冲程时，连杆螺栓承受的拉应力会减小。为减小连杆螺钉的剪切应力，斜切口连杆盖要进行定位，定位方式如图10-6所示。

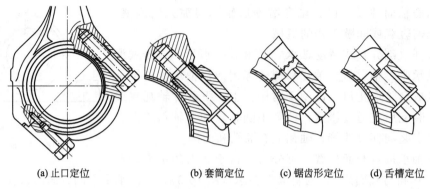

(a) 止口定位　　(b) 套筒定位　　(c) 锯齿形定位　　(d) 舌槽定位

图 10-6　斜切口连杆盖的定位方式

为防止连杆螺钉松动，在螺钉尾部采用特殊结构，螺母采用槽型螺母，再穿上开口销或锁紧铁丝防松。

(3) 自动调心轴承　当轴承宽度 B 较大时（$B/d>1.5$），由于轴的变形、装配等原因，会引起轴颈轴线与轴承轴线偏斜，使轴承两端边缘与轴颈局部磨损，因此，应采用自动调心式滑动轴承。常见调心滑动轴承结构为轴承外支承表面呈球面，球面的中心恰好在轴线上，如图 10-7 所示，轴承可绕球形配合面自动调整位置。

2. 止推滑动轴承

止推滑动轴承的结构如图 10-8 所示，它由轴承座、衬套、径向轴瓦和止推轴瓦等组成。止推轴瓦的底部制成球面，以便对中，并用销钉与轴承座固定，用来防止止推轴瓦随轴转动。工作时润滑油用压力从底部注入，从上部油管导出进行润滑。

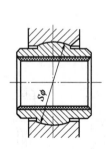

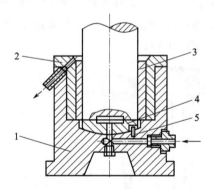

图 10-7　调心轴承　　　　图 10-8　止推滑动轴承

1—轴承座；2—衬套；3—径向轴瓦；
4—止推轴瓦；5—销钉

图 10-9 为止推轴承轴颈的几种常见形式。载荷较小时可采用空心端面止推轴颈 [图 10-9(a)] 和环形止推轴颈 [图 10-9(b)]，载荷较大时采用多环止推轴颈 [图 10-9(c)]。环状轴颈不仅能承受双向的轴向载荷，且承载能力较大。

二、轴瓦（轴套）的结构

轴瓦是滑动轴承中直接与轴颈接触的零件，是滑动轴承的主要组成部分。轴瓦结构如图 10-10 所示，分为整体式 [图 10-10(a)] 和剖分式 [图 10-10(b)] 两种。剖分式轴瓦两端凸缘可防止轴瓦沿轴向窜动，并能承受一定的轴向力。

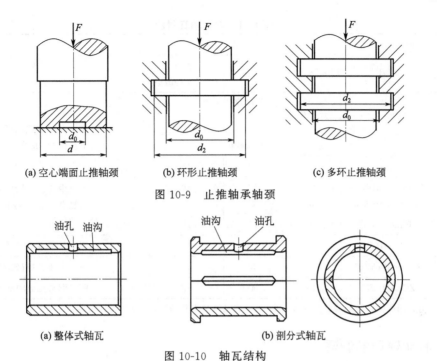

(a) 空心端面止推轴颈　　(b) 环形止推轴颈　　(c) 多环止推轴颈

图 10-9　止推轴承轴颈

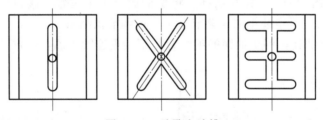

(a) 整体式轴瓦　　　　　　(b) 剖分式轴瓦

图 10-10　轴瓦结构

为了保证润滑油的引入和均布在轴瓦工作表面，在非承载区的轴瓦上制有油孔和油槽（图 10-11），当宽径比 B/d 较小时，可以开一个油孔；对于宽径比较大、可靠性要求较高的轴承，还应开设油槽，油槽应以进油口为中心沿纵向、横向或斜向开设，但不应开至端部，以减少端部漏油。

图 10-11　油孔和油槽

为了提高轴瓦表面的摩擦性能，提高承载能力，对于重要轴承，可在轴瓦内表面浇铸一层轴承合金作减摩材料，以便节约贵重金属并改善接触面的摩擦性质。轴瓦内层合金部分称为轴承衬，外层部分称为瓦背。在轴瓦座上浇铸轴承衬时，为了使轴承衬牢固黏附在轴瓦上，常在轴瓦内表面开设沟槽，如图 10-12 所示。

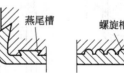

图 10-12　轴瓦的沟槽形状

三、轴承材料

滑动轴承的材料是指轴瓦（或轴套）和轴承衬的材料。因为轴瓦和轴颈直接接触承受载荷，产生摩擦、磨损并发热，所以轴瓦的材料应具有足够的强度，良好的减摩性、耐磨性和跑合性，具有较好的抗胶合能力，良好的导热性及加工工艺性等。

常用的轴瓦材料见表 10-1。

表 10-1　常用轴瓦材料

材料		最大许用值				应用场合
名称	牌号	$[p]$/MPa	$[v]$/(m/s)	$[pv]$/(MPa·m/s)	t/℃	
铸造锡锑轴承合金	ZSnSb11Cu6	平稳载荷			150	用于高速重载的重要轴承,变载荷下易疲劳,价贵
		25	80	20		
	ZSnSb8Cu4	冲击载荷				
		20	60	15		
铸造铅锑轴承合金	ZPbSb16Sn16Cu2	15	12	10	150	用于中速、中等载荷的轴承。不宜受显著冲击。可作为锡锑轴承合金的代用品
	ZPbSb15Sn5Cu3	5	6	5		
	ZPbSb15Sn10	20	15	15		
铸造锡青铜	ZCuSn10P1	15	10	15	280	用于中速、重载及受变载荷的轴承
	ZCuSn5Pb5Zn5	5	3	10		用于中速、中载的轴承
铸造铝青铜	ZCuAl10Fe3	15	4	12	280	用于润滑充分的低速、重载轴承

注：$[p]$ 为许用压强；$[v]$ 为许用速度；pv 值代表轴承的发热情况，$[pv]$ 为许用值。

四、滑动轴承的润滑

轴承常用的润滑剂有润滑油和润滑脂。

1. 润滑油润滑

油润滑有间歇供油和连续供油两类。间歇供油由操作人员用油壶或油枪注油，供油是间歇性的，供油量不均匀，且容易疏忽。连续供油主要有以下几种。

① 滴油润滑　图 10-13 为针阀油杯。将手柄放至水平位置，阀口关闭，停止供油；当手柄垂直，阀口开启，可连续供油。调节螺母，可调节供油量。

图 10-14 为油绳油杯。利用油绳的毛细管作用实现连续供油，但供油量无法调节。

笔记

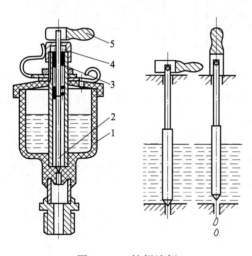
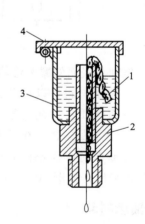

图 10-13　针阀油杯　　　　　　　　　　　图 10-14　油绳油杯
1—杯体；2—针阀；3—弹簧；4—调节螺母；5—手柄　　1—油芯；2—接头；3—杯体；4—杯盖

② 油环润滑　图 10-15 所示为油环润滑。油环套在轴上，下部浸入油池中，当轴颈旋转时，油环依靠摩擦力被轴带动旋转，将油带到轴颈上进行润滑。这种装置结构简单，供油

充分，但轴的转速不能太高或太低。

③ 飞溅润滑　飞溅润滑常用于闭式箱体内的轴承润滑，它利用旋转件（如齿轮、蜗杆或蜗轮等）将油池中的油飞溅到箱壁，再沿油槽流入轴承进行润滑。

④ 压力循环润滑　用油泵将压力油输送至轴承处实现润滑，使用后的油回到油箱，经冷却过滤再重复使用。这种润滑可靠、效果好，但结构复杂，费用高。

2. 润滑脂润滑

润滑脂润滑一般为间断供应，常用的加脂方式有黄油枪加脂和脂杯加脂。图 10-16 所示为旋盖油杯，杯中装入润滑脂后，旋转上盖即可将润滑脂挤入轴承。

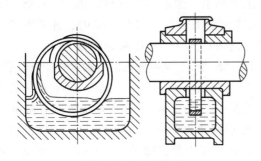

图 10-15　油环润滑

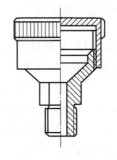

图 10-16　旋盖油杯

课题二　滚动轴承的构造及类型

一、滚动轴承的构造

滚动轴承的典型构造如图 10-17 所示，它由外圈 1、内圈 2、滚动体 3 和保持架 4 组成。滚动体的形式较多，有球和各类滚子等，如图 10-18 所示。内圈装在轴颈上，外圈装在机座内，当内圈与外圈相对滚动时，滚动体沿滚道滚动，保持架将各滚动体均匀隔开。

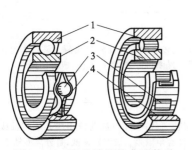

图 10-17　滚动轴承的典型构造

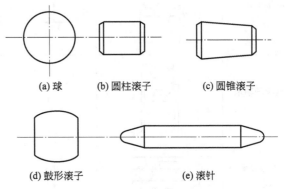

图 10-18　滚动体的种类

滚动轴承中滚动体与外圈接触处的法线与垂直于轴承轴心线的径向平面之间的夹角 α 称为滚动轴承的公称接触角（图 10-19）。它是滚动轴承的一个重要参数，α 越大，轴承承受轴向载荷的能力越大。

滚动轴承已标准化，由专业工厂进行大批量生产，因此使用者只需根据工作条件和使用

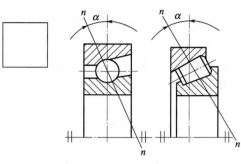

图 10-19　公称接触角

要求，正确选用轴承类型和尺寸。

二、滚动轴承的分类及特点

（1）按滚动体的形状，滚动轴承可分为球轴承和滚子轴承两大类。

① 球轴承　滚动体为球形的轴承称为球轴承。它与内、外圈滚道之间是点接触，摩擦小，但承载能力和耐冲击能力较低；允许的极限转速高。

② 滚子轴承　滚动体是圆柱、圆锥、鼓形和滚针等形状的轴承称为滚子轴承。它与轴承内、外圈滚道之间为线接触，摩擦大，但其承载能力和耐冲击能力较强；允许的极限转速较低。

（2）按承受载荷方向和公称接触角的不同，滚动轴承又可分为向心轴承和推力轴承两大类。

① 向心轴承　主要承受径向载荷，公称接触角 $0°\leqslant\alpha\leqslant 45°$，其中 $\alpha=0°$ 的，称为径向接触轴承，除深沟球轴承外，只能承受径向载荷；$0°<\alpha\leqslant 45°$，称为角接触向心轴承。

② 推力轴承　主要承受轴向载荷，公称接触角 $45°<\alpha\leqslant 90°$，其中 $\alpha=90°$ 的称为轴向接触轴承，只能承受轴向载荷；$45°<\alpha<90°$，称为推力角接触轴承，α 越小，承受径向载荷能力就越大。

滚动轴承的基本类型及特性见表 10-2。

表 10-2　常用滚动轴承类型及特性

类型及代号	结构简图	载荷方向	主要性能及应用
调心球轴承（1）		↕↔	其外圈的内表面是球面，内外圈轴线间允许角偏位为 2°～3°，极限转速低深沟球轴承。可承受径向载荷及较小的双向轴向载荷。用于轴变形较大及不能精确对中的支承处
调心滚子轴承（2）		↕↔	轴承外圈的内表面是球面，主要承受径向载荷及一定的双向轴向载荷，但不能承受纯轴向载荷，允许角偏位 0.5°～2°。常用在长轴或受载荷作用后轴有较大的弯曲变形及多支点的轴上
圆锥滚子轴承（3）		↙	可同时承受较大的径向及轴向载荷。承载能力大于"7"类轴承。外圈可分离，装拆方便，成对使用
推力球轴承（4）		↓	只能承受轴向载荷，而且载荷作用线必须与轴线相重合，不允许有角偏差。极限转速低，是分离型轴承
双向推力球轴承（5）		↕	能承受双向轴向载荷。其余与推力轴承相同

续表

类型及代号	结构简图	载荷方向	主要性能及应用
深沟球轴承 （6）		↕↔	可承受径向载荷及一定的双向轴向载荷。内、外圈轴线间允许角偏位为 $8'\sim16'$
角接触球轴承 （7）	7000C型($\alpha=15°$) 7000AC型($\alpha=25°$) 7000B型($\alpha=40°$)	↑←	可同时承受径向及轴向载荷。也可用来承受纯轴向载荷。承受轴向载荷的能力由接触角 α 的大小决定，α 大，承受轴向载荷的能力高。由于存在接触角 α，承受纯轴向载荷时，会产生内部轴向力，使内外圈有分离的趋势，因此这类轴承都成对使用，可以分装于两个支点或同装于一个支点上。极限转速较高
圆柱滚子轴承 （N）		↑	能承受较大的径向载荷，不能承受轴向载荷，极限转速也较高，但允许的角偏位很小，约 $2'\sim4'$。设计时，要求轴的刚度大，对中性好
滚针轴承 （NA）		↑	不能承受轴向载荷，不允许有角偏斜，极限转速较低，结构紧凑，在内径相同的条件下，与其他轴承比较，其外径最小。适用于径向尺寸受限制的部件中

滚动轴承的代号

课题三　滚动轴承的代号及类型选择

一、滚动轴承的代号

滚动轴承是标准件，一般用途的滚动轴承代号由基本代号、前置代号和后置代号组成，代号一般印在轴承的端面上，其排列顺序为：

前置代号　　基本代号　　后置代号

1. 基本代号

基本代号表示轴承的类型、结构和尺寸。一般用五个数字或字母加四个数字表示，如图 10-20 所示。

（1）内径代号　右边第一、二位数字代表内径尺寸，表示方法见表 10-3。公称内径在

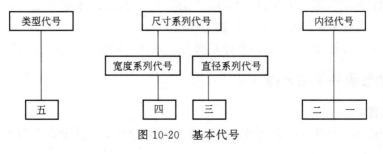

图 10-20　基本代号

20~480mm 之间时，代号为内径除以 5 的商数，商数为个位数时，需在商数前加"0"；公称内径等于 500 以上，以及 22，28，32 等特殊值时，代号直接用公称内径数表示，但与尺寸系列之间用"/"分开。

表 10-3 轴承内径代号

内径代号	00	01	02	03	04~96
轴承内径 d/mm	10	12	15	17	数字×5

(2) 尺寸系列代号 包括直径系列代号和宽（推力轴承指高）度系列代号。

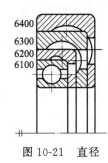

图 10-21 直径系列对比

直径系列代号右起第三位数字表示轴承的直径系列代号。直径系列是指同一内径的轴承，配有不同外径和宽度的尺寸系列，常用代号为 0、1、2、3、4，尺寸依次递增。如图 10-21 所示。

宽（高）度系列代号右起第四位数字表示宽（高）度系列代号。宽（高）度系列是指内径、外径都相同的轴承，配有不同宽度的尺寸系列（向心轴承），常用代号为 8、0、1、2、3、4、5、6，尺寸依次递增；对推力轴承，配有不同高度的尺寸系列，代号为 7、9、1、2，高度尺寸依次递增。

当宽度系列为"0"系列（正常系列）时，对多数轴承在代号中可不标出宽度系列代号 0，但对于调心滚动轴承和圆锥滚子轴承，则不可省略。

(3) 类型代号 右起第五位是轴承类型代号，用数字或字母表示轴承的类型，其表示方法见表 10-2。

2. 前置代号和后置代号

(1) 前置代号 前置代号用字母来表示轴承分部件，例如：L 表示可分离轴承的可分离内圈或外圈，R 表示不带可分离内圈或外圈的轴承等。

(2) 后置代号 后置代号是轴承在结构形状、尺寸公差、技术要求等方面有改变时，在基本代号右侧添加的补充代号，用字母和数字表示，与左边的基本代号空半个汉字。后置代号共分八组，例如，第一组是内部结构，表示内部结构变化情况。如以 C、AC、B 分别表示公称接触角 $\alpha=15°$、$25°$、$40°$ 的角接触球轴承。

又如，后置代号中第五组为公差等级代号，滚动轴承的公差等级分为 0、6、6X、5、4、2 六级，其中 2 级精度最高，0 级精度最低。标记方法为在轴承代号后写/P0、/P6、/P6x、/P5、/P4、/P2 等，依次由低级到高级，/P0 级为常用的普通级，应用最广，其代号可不标出。

前置、后置代号及其他有关内容，详见《滚动轴承产品样本》。

【例 10-1】 说明轴承 7314B/P6 和 6208 的含义。

解 7314B/P6——表示内径 $d=70$mm，直径为 3 系列，宽度为 0 系列（省略），角接触球轴承，公称接触角 $\alpha=40°$，公差等级为 6 级。

6208——表示内径 $d=40$mm，直径系列为 2 系列，宽度为 0 系列，深沟球轴承。

二、滚动轴承的类型选择

1. 类型选择

选择滚动轴承的类型时，应根据表 10-2 各类轴承的特点，并考虑下列各因素进行。

(1) 载荷的性质　当载荷小而平稳时，可选用球轴承；载荷大或有冲击时，宜选用滚子轴承。当轴承只受径向载荷时，应选用径向接触轴承；当仅承受轴向载荷时，则应选用轴向接触轴承；同时承受径向和轴向载荷时，选用角接触轴承，轴向力越大，应选择接触角越大的轴承。

(2) 轴承的转速　转速高时，宜选用球轴承；转速低时，可用滚子轴承。

(3) 调心性能　当轴的中心线与轴承座中心线不重合而有角度误差时，或因轴受到力作用而弯曲或倾斜时，应采用调心轴承，但必须两端成对使用。

(4) 装拆方便　为了便于安装和拆卸，可选用内、外圈可分离的轴承。

(5) 经济性　一般说，球轴承比滚子轴承便宜，公差等级低的轴承比公差等级高的便宜，有特殊结构的轴承比普通结构的轴承贵。

滚动轴承的类型

2. 型号选择

对于一般机械轴承型号的选择，可根据轴颈直径选取轴承内径，轴承外廓系列，则根据空间位置参考同类型机械选取。

课题四　滚动轴承的寿命计算

一、滚动轴承的失效形式与计算准则

1. 主要失效形式

滚动轴承的主要失效形式有以下几种。

(1) 疲劳点蚀　轴承在安装、润滑、维护良好的条件下工作，运转次数达到一定数值后，各接触表面的材料将会出现局部脱落的疲劳点蚀。它将使轴承在运转时出现比较强烈的振动、噪声和发热现象，并使轴承的旋转精度逐渐下降，直至机器丧失正常工作能力。疲劳点蚀是滚动轴承最主要的失效形式。

(2) 塑性变形　在过大的静载荷或冲击载荷作用下，轴承承载元件间的接触应力超过了元件材料的屈服点，接触部位发生塑性变形，形成凹坑，使轴承性能下降，摩擦阻力矩增大，旋转精度下降且出现振动和噪声，这种失效多发生在低速重载或作往复摆动的轴承中。

(3) 磨损　在润滑不充分、密封不好或润滑油不清洁以及工作环境多尘的条件下，一些金属屑或磨粒性灰尘进入了轴承的工作部位，致使轴承发生严重的磨损，造成轴承内、外圈与滚动体间间隙增大、振动加剧及旋转精度降低而报废。速度较高时还可能出现胶合。

2. 计算准则

(1) 一般转速（$n \geqslant 10 r/min$）轴承的主要失效形式为疲劳点蚀，应进行疲劳寿命计算。

(2) 极慢转速（$n < 10 r/min$）或低速摆动的轴承，其主要失效形式是表面塑性变形，应按静强度计算。

(3) 高速轴承的主要失效形式为由发热引起的磨损、胶合，故不仅要进行疲劳寿命计算，还要校验其极限转速。

本书仅讨论轴承的寿命计算和静强度计算。

二、滚动轴承的寿命计算

滚动轴承的失效及寿命计算

1. 寿命

滚动轴承任一元件上首次出现疲劳点蚀前所经历的总转数，或在某一给定的恒定转速下的工作小时数称为轴承的寿命。

2. 基本额定寿命

一批相同规格且在相同条件下工作的轴承，因轴承的制造工艺、材料及热处理等方面的差异，其寿命会有很大差距。因此，对一具体的轴承很难预知其确切寿命。为保证轴承工作的可靠性，在标准中规定以基本额定寿命作为计算依据。基本额定寿命是指一批同型号的轴承，在相同的运转条件下，当有10%的轴承发生疲劳点蚀，而90%的轴承未发生疲劳点蚀前所运转的总转数（L_{10}）或在给定的转速下运转的总工作小时数（L_h），其可靠度为90%。

3. 基本额定动载荷

滚动轴承在基本额定寿命为100万（10^6）转时所能承受的载荷值，称为基本额定动载荷，用 C 表示。轴承的基本额定动载荷是衡量轴承承载能力的主要指标，C 值越大，轴承抗疲劳点蚀的能力就越强。对于主要承受径向载荷的向心轴承为径向基本额定动载荷 C_r，对于主要承受轴向载荷的推力轴承为轴向基本额定动载荷 C_a。

4. 当量动载荷

基本额定动载荷 C 是滚动轴承在一定条件下确定的。对向心轴承指纯径向载荷；对推力轴承则指的是中心轴向载荷。而轴承实际工作时，多是同时受到径向和轴向载荷的作用，为了计算轴承寿命时能与基本额定动载荷作等价比较，需将实际载荷换算成与实际载荷作用下寿命相同的等效载荷。这个假想的等效载荷称为当量动载荷，用 P 表示。

当量动载荷的计算公式为

$$P = f_P(XF_R + YF_A) \tag{10-1}$$

式中 f_P——载荷系数，见表10-4；
F_R——径向载荷；
F_A——轴向载荷；
X,Y——径向和轴向载荷系数，见表10-5。

表 10-4 载荷系数 f_P

载荷性质	无冲击或轻微冲击	中等冲击	强烈冲击
f_P	1.0~1.2	1.2~1.8	1.8~3.0

表 10-5 径向载荷系数 X 和轴向载荷系数 Y

轴承类型		相对轴承载荷	轴向载荷影响系数	$F_A/F_R \leq e$		$F_A/F_R > e$	
名称	代号	F_A/C_{0r}	e	X	Y	X	Y
深沟球轴承	60000	0.025	0.22	1	0	0.56	2.0
		0.04	0.24				1.8
		0.07	0.27				1.6
		0.13	0.31				1.4
		0.25	0.37				1.2
		0.50	0.44				1.0

续表

轴承类型		相对轴承载荷	轴向载荷影响系数	$F_A/F_R \leqslant e$		$F_A/F_R > e$	
名称	代号	F_A/C_{0r}	e	X	Y	X	Y
角接触球轴承	70000C $\alpha=15°$	0.015 0.029 0.058 0.087 0.120 0.170 0.290 0.440 0.580	0.38 0.40 0.43 0.46 0.47 0.50 0.55 0.56 0.56	1	0	0.44	1.47 1.40 1.30 1.23 1.19 1.12 1.02 1.00 1.00
	70000AC $\alpha=25°$	—	0.68	1	0	0.41	0.87
	70000B $\alpha=40°$	—	1.14	1	0	0.35	0.57
调心球轴承	10000	—	$1.5\tan\alpha$	1	0	0.4	$0.4\cot\alpha$
圆锥滚子轴承	30000	—	$1.5\tan\alpha$	1	0	0.4	$0.4\cot\alpha$
调心滚子轴承	20000	—	$1.5\tan\alpha$				$0.4\cot\alpha$

注：1. C_{0r} 为径向额定静载荷。
2. 对于深沟球轴承和角接触球轴承，先根据算得的相对轴向载荷的值查出对应的 e 值，然后再得出相应的 X、Y 值。对于表中未列出的相对轴向载荷值，可按线性插值法求出相应的 e、X、Y 值。
3. 表中所列为单列轴承，对于双列轴承（或成对安装单列轴承）可查轴承手册。

对于只承受纯径向载荷的向心轴承（6 类、N 类、NA 类），当量动载荷为
$$P = f_P F_R \tag{10-2}$$
对于只承受纯轴向载荷的推力轴承（5 类），当量动载荷为
$$P = f_P F_A \tag{10-3}$$

5. 寿命计算公式

滚动轴承所承受载荷与寿命的关系可用图 10-22 表示。其曲线方程为
$$L_{10} P^\varepsilon = 常数 \tag{10-4}$$
式中 P——当量动载荷，N；
L_{10}——基本额定寿命，10^6 r；
ε——寿命指数，球轴承 $\varepsilon=3$；滚子轴承 $\varepsilon=10/3$。

当轴承的基本额定寿命 $L_{10}=1$（10^6 r）时，轴承所承受的载荷为基本额定动载荷 C，代入式（10-4）则有
$$L_{10} P^\varepsilon = 1 \times C^\varepsilon$$
由此可得到轴承寿命计算的基本公式为
$$L_{10} = \left(\frac{C}{P}\right)^\varepsilon \tag{10-5}$$

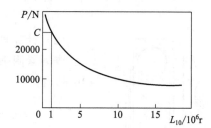

图 10-22 滚动轴承的载荷——寿命曲线

实际计算时，常用一定转速下的工作小时数表示轴承寿命，设轴承转速为 n（r/min），

则式(10-5)可改写为

$$L_h = \frac{L_{10}}{60n} = \frac{10^6}{60n}\left(\frac{C}{P}\right)^\varepsilon = \frac{16670}{n}\left(\frac{C}{P}\right)^\varepsilon \tag{10-6}$$

由于轴承标准中列出的基本额定动载荷是对一般轴承而言的，当轴承在高温下工作时，应引入温度系数 f_t 对 C 值加以修正，f_t 由表10-6查取，此时轴承的基本额定寿命计算公式为

$$L_h = \frac{16670}{n}\left(\frac{f_t C}{P}\right)^\varepsilon \tag{10-7}$$

表 10-6　温度系数 f_t

轴承工作温度/℃	≤120	125	150	175	200	225	250	300
f_t	1	0.95	0.9	0.85	0.8	0.75	0.6	0.5

由式(10-7)求得的轴承寿命应满足

$$L_h \geqslant [L_h]$$

式中，$[L_h]$ 为轴承的预期寿命，一般可将机器的中修或大修年限作为轴承的预期寿命。预期寿命通常可取为5000~20000h。当计算的轴承寿命达不到预期寿命时，应重选轴承型号，重新计算。

在轴承寿命计算的设计过程中，往往已知载荷 P，转速 n 和轴承的预期寿命 $[L_h]$，这时利用式(10-7)可求出轴承所需的基本额定动载荷为

$$C' = \frac{P}{f_t}\sqrt[\varepsilon]{\frac{n[L_h]}{16670}} \tag{10-8}$$

按式(10-8)可算出待选轴承所应具有的基本额定动载荷，并根据 $C \geqslant C'$ 确定轴承型号。

【例 10-2】　某单级直齿圆柱齿轮减速器，从动轴直径 $d=40$mm，转速 $n=500$r/min，拟采用两个深沟球轴承（6208）支承，已知轴承所受径向载荷 $F_{R1}=F_{R2}=3000$N，减速器工作时有中等冲击，求轴承寿命。

解　(1) 求当量动载荷

查表 10-4，中等冲击，取 $f_P=1.5$

$$P = f_P F_R = 1.5 \times 3000 = 4500 \text{ (N)}$$

(2) 计算轴承寿命

查附录附表1，得 6208 轴承 $C=C_r=29500$N，球轴承 $\varepsilon=3$，由式(10-6)得

$$L_h = \frac{16670}{n}\left(\frac{C}{P}\right)^\varepsilon = \frac{16670}{500} \times \left(\frac{29500}{4500}\right)^3 = 9393 \text{ (h)}$$

三、角接触轴承轴向载荷的计算

1. 内部轴向力 F_S

由于角接触轴承在滚动体与滚道接触处存在着接触角 α，当轴承受到径向载荷 F_R 时，在承载区内第 i 个滚动体上的法向力 F_i 可分解为径向分力 F_{Ri} 和轴向分力 F_{Si}。各滚动体上所受轴向分力 F_{Si} 的总

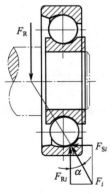

图 10-23　角接触轴承的受力

和 $\sum F_{Si}$ 即为轴承的内部轴向力 F_S，如图 10-23 所示。F_S 的大小可按表 10-7 求得，其方向由轴承外圈宽边指向窄边。

表 10-7 角接触轴承的内部轴向力 F_S

轴承类型	角接触球轴承			圆锥滚子轴承
	70000C($\alpha=15°$)	70000AC($\alpha=25°$)	70000B($\alpha=40°$)	
F_S	eF_R	$0.68F_R$	$1.14F_R$	$F_R/(2Y)$

注：1. e 由表 10-5 查得。
2. Y 为 $F_A/F_R > e$ 时的轴向载荷系数。

2. 轴向载荷 F_A 的计算

内部轴向力 F_S 对于轴承自身来说是一内力，但对于轴和另一端的轴承来说是外力。计算角接触轴承所受轴向力 F_A 时，既要考虑轴承内部轴向力 F_S，也要考虑轴上传动零件作用于轴承上的轴向力 F_a，同时还要考虑到安装方式的影响。

为了使角接触轴承的内部轴向力得到平衡，在实际安装时，通常将角接触轴承成对对称使用，安装方式一般有正装和反装两种。图 10-24(a) 所示为正装（面对面）安装，两轴承外圈窄边相对，轴的实际支点偏向两支点内侧，支承跨距减小；图 10-24(b) 所示为反装（背对背）安装，两轴承外圈宽边相对，轴的实际支点偏向两支点外侧，支承跨距增大。支点与轴承端面距离可查机械设计手册，简化计算时可近似认为支点在轴承宽度的中点处。

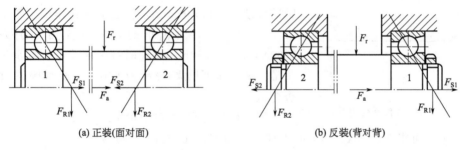

(a) 正装(面对面)　　　　　(b) 反装(背对背)

图 10-24　角接触轴承的安装方式及受力分析

如图 10-25(a) 所示的轴承 Ⅰ 及 Ⅱ 面对面安装，F_r 和 F_a 分别为作用在轴上的轴向载荷和径向载荷，F_{R1}、F_{R2} 分别为轴承 Ⅰ、Ⅱ 所受径向反力，F_{S1}、F_{S2} 为径向力引起的内部轴向力。轴上各轴向力的简化示意图如图 10-25(b) 所示。

若 $F_{S1}+F_a > F_{S2}$ [图 10-25(c)]，则轴有向右移动的趋势，轴承 Ⅱ 被压紧，其承受的轴向载荷为 $F_{A2}=F_a+F_{S1}$。轴承 Ⅰ 被放松，承受的轴向载荷仅为其内部轴向力，即 $F_{A1}=F_{S1}$。

若 $F_{S1}+F_a < F_{S2}$ [图 10-25(d)]，则轴有向左移动的趋势，轴承 Ⅰ 被压紧，其承受的轴向载荷为 $F_{A1}=F_{S2}-F_a$。轴承 Ⅱ 被放松，承受的轴向载荷仅为其内部轴向力，即 $F_{A2}=F_{S2}$。

根据以上两种情况分析，计算轴承轴向载荷的关键是判断哪个为压紧轴承，哪个为放松轴承。放松轴承的轴向载荷等于其内部轴向力，压紧轴承的轴向载荷等于外部轴向载荷与放松轴承内部轴向力的代数和。

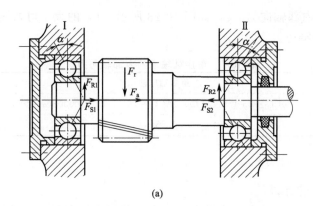

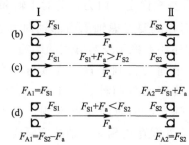

图 10-25 角接触轴承的轴向力

【例 10-3】 某减速器主动轴用两个角接触球轴承 7208AC 支承,如图 10-26 所示。已知轴的转速 $n=1450\text{r/min}$,轴上斜齿轮作用于轴上的轴向力 $F_a=1000\text{N}$,两轴承的径向支反力分别为 $F_{R1}=1500\text{N}$,$F_{R2}=750\text{N}$,工作时有中等冲击,轴承工作温度正常。要求轴承预期寿命为 6000h。试判断该对轴承是否合适。

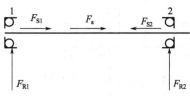

图 10-26 角接触轴承受力简图

解 (1) 计算内部轴向力 F_{S1}、F_{S2}

由表 10-7 可得 70000AC 轴承的内部轴向力 $F_S=0.68F_R$,故有

$$F_{S1}=0.68F_{R1}=0.68\times 1500=1020\text{ (N)}$$
$$F_{S2}=0.68F_{R2}=0.68\times 750=510\text{ (N)}$$

(2) 计算轴向载荷 F_{A1}、F_{A2}

因 $F_{S1}+F_a=1020+1000=2020\text{ (N)}>F_{S2}$

故可判定轴承 2 为压紧端,轴承 1 为放松端。两端轴承的轴向载荷分别为

$$F_{A1}=F_{S1}=1020\text{N}$$
$$F_{A2}=F_{S1}+F_a=2020\text{N}$$

(3) 求载荷系数 X、Y

查表 10-5 得 $e=0.68$

$F_{A1}/F_{R1}=1020/1500=0.68=e$,查得 $X_1=1$,$Y_1=0$

$F_{A2}/F_{R2}=2020/750=2.69>e$,查得 $X_2=0.41$,$Y_2=0.87$

(4) 计算当量动载荷 P_1、P_2

查表 10-4,中等冲击,取 $f_P=1.5$,由式(10-1)

$$P_1=f_P(X_1F_{R1}+Y_1F_{A1})=1.5\times(1\times 1500+0)=2250\text{ (N)}$$

$$P_2 = f_P(X_2 F_{R2} + Y_2 F_{A2}) = 1.5 \times (0.41 \times 750 + 0.87 \times 2020) = 3097.35 \text{ (N)}$$

(5) 计算轴承寿命 L_h

因 $P_2 > P_1$，取 $P = P_2 = 3097.35\text{N}$，球轴承 $\varepsilon = 3$，查附表 2，7208AC 轴承 $C = C_r = 35200\text{N}$，故该轴承寿命为

$$L_h = \frac{16670}{n}\left(\frac{C}{P}\right)^\varepsilon = \frac{16670}{1450} \times \left(\frac{35200}{3097.35}\right)^3 = 16874.3 \text{ (h)} > 6000 \text{ (h)}$$

故该对轴承满足预期寿命要求。

四、滚动轴承的静强度计算

对于在工作载荷作用下基本不旋转的轴承（如起重吊钩上的推力轴承），或者缓慢摆动以及转速极低的轴承，一般不会发生疲劳点蚀，其主要失效形式是塑性变形，影响轴承旋转的精度和灵活性。因此，应按静强度来选择轴承尺寸和类型。对于在重载荷或冲击载荷下转速较高的轴承，除按疲劳寿命计算外，为安全起见，也要按静强度对轴承进行验算。

1. 基本额定静载荷

基本额定静载荷是指当轴承内外圈之间相对速度为零时，受载最大的滚动体与滚道接触处的最大接触应力达到一个定值（调心球轴承为 4600MPa、滚子轴承为 4000MPa、其他类型轴承为 4200MPa）时，轴承所受的载荷，用 C_0 表示。对向心轴承，这一载荷称为径向基本额定静载荷，以 C_{0r} 表示；对推力轴承，称为轴向基本额定静载荷，以 C_{0a} 表示。各种型号轴承的基本额定静载荷可由设计手册查得。

2. 当量静载荷 P_0

当轴承同时承受径向和轴向载荷时，可将其折合成一个假想的当量静载荷 P_0，轴承在这个静载荷作用下，滚动体和滚道接触处的最大接触应力与实际载荷作用下的相同。当量静载荷 P_0 为下列两式中的较大值

$$\left. \begin{array}{l} P_{0r} = X_0 F_R + Y_0 F_A \\ P_{0r} = F_R \end{array} \right\} \tag{10-9}$$

式中　X_0、Y_0——当量静载荷的径向和轴向载荷系数，其值见表 10-8。

表 10-8　单列向心轴承静载荷系数 X_0、Y_0

轴承名称	类别代号	X_0	Y_0
深沟球轴承	60000	0.6	0.5
角接触球轴承	70000C	0.5	0.46
	70000AC		0.38
	70000B		0.26
圆锥滚子轴承	30000	0.5	$0.22\cot\alpha$

对于 $\alpha \neq 90°$ 的推力轴承，当量静载荷为

$$P_{0a} = 2.3 F_R \tan\alpha + F_A \tag{10-10}$$

对于 $\alpha = 90°$ 的推力轴承，当量静载荷为

$$P_{0a} = F_A \tag{10-11}$$

3. 静强度计算

按静强度选择或验算轴承的公式为

$$C_0 \geqslant S_0 P_0 \tag{10-12}$$

式中　S_0——静强度安全系数，其值可查表10-9。

表 10-9　静强度安全系数 S_0

轴承使用情况	使用要求及载荷性质	S_0 球轴承	S_0 滚子轴承
旋转轴承	旋转精度及平稳性要求较高，或受冲击载荷	1.5～2	2.5～4
旋转轴承	正常使用	0.5～2	1～3.5
旋转轴承	旋转精度及平稳性要求较低，没有冲击或振动	0.5～2	1～3
静止或摆动的轴承	水坝闸门装置，大型起重吊钩（附加载荷小）	≥1	≥1
静止或摆动的轴承	吊桥，小型起重吊钩（附加载荷大）	≥1.5～1.6	≥1.5～1.6

课题五　滚动轴承的组合设计

为了保证滚动轴承的正常工作，除了正确选择轴承的类型和型号外，还要解决轴承的轴向定位与固定、调整、配合、装拆、润滑与密封等一系列的问题，也就是还要合理地进行轴承的组合设计。

一、滚动轴承的轴向定位与固定

轴承的轴向定位与固定是指轴承的内圈与轴颈、外圈与座孔间的轴向定位与固定，这样轴承才能承受轴向载荷。轴承轴向定位与固定的方法很多，应根据轴承所受载荷的大小、方向、性质、转速的高低、轴承的类型及轴承在轴上的位置等因素，选择合适的轴向定位与固定方法。

1. 轴承内、外圈的轴向定位与固定

滚动轴承内圈轴向定位与固定的常用方法见表 10-10。

表 10-10　滚动轴承内圈轴向定位与固定常用方法

定位与固定方式	图例	特点及应用
轴肩定位	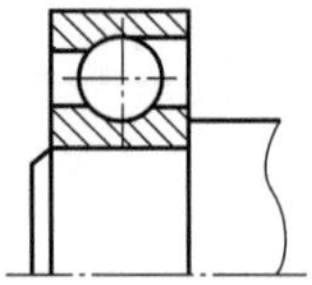	最常用的一种轴向定位方式，单向定位、结构简单、装拆方便，适用于各种轴承
轴用弹性挡圈	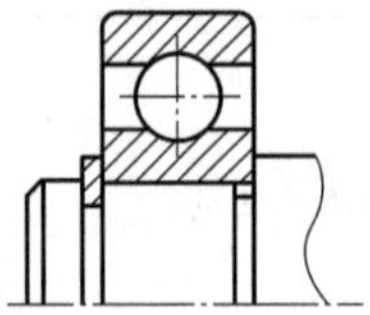	结构尺寸小，装拆方便，无法调整游隙，可承受不大的轴向载荷，主要用于深沟球轴承的轴向固定

续表

定位与固定方式	图例	特点及应用
轴端挡圈		定位固定可靠,能承受较大的轴向力,适用于高转速下的轴承定位
圆螺母与止动垫圈		安全可靠,承受轴向力大,适用于高速、重载的场合

滚动轴承外圈定位与固定常用方法见表10-11。

表10-11 滚动轴承外圈定位与固定常用方法

定位与固定方式	图例	特点及应用
轴承端盖		结构简单,固定可靠,调整方便,适用于各类轴承的外圈单向固定
孔用弹性挡圈		结构简单、紧凑,装拆方便,适用于转速不高、轴向力不大的场合
止动卡环		适用于机座上不便制作凸台,且外圈带有止动槽的深沟球轴承

2. 轴系的固定

轴系固定的目的是防止轴工作时发生轴向窜动,保证轴上零件有确定的工作位置,同时还要预留适当间隙,以保证工作温度变化时轴能自由伸缩,不发生卡死现象。轴系的常见固定方式有下列三种组合形式:

(1) 两端固定支承

对于正常温度下工作的短轴(跨距小于400mm),常采用较简单的两端固定支承。如图10-27所示,其轴向固定是靠轴肩顶住轴承内圈,轴承盖顶住轴承外圈来实现的。

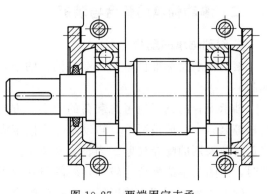

图10-27 两端固定支承

两个支承点各限制轴沿一个方向的轴向移动，合起来就限制了轴的双向移动。考虑到轴会受热伸长，一般在轴承端盖与轴承外圈端面间留有补偿间隙 $\Delta=0.25\sim0.4\mathrm{mm}$，间隙 Δ 的大小，通常用一组垫片来调节。

（2）一端固定一端游动支承

当轴的跨距较大或工作温度较高时，因轴的伸缩量较大，应采用一端固定一端游动支承。如图 10-28(a) 所示，轴的左端深沟球轴承的内、外圈两个端面均为轴向固定，右端其外圈和座孔之间采用间隙配合，两端面都没有约束，从而保证轴在伸长或缩短时能自由移动。图 10-28(b) 是一端支承采用圆柱滚子轴承时的游动结构，虽然轴承的内外圈双向固定，但可依靠轴承本身具有的内、外圈可分离的特性实现游动。

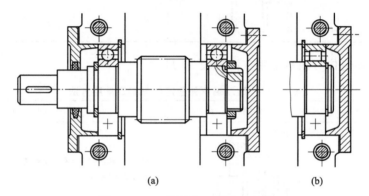

图 10-28　一端固定一端游动支承

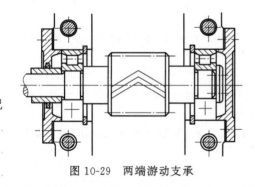

图 10-29　两端游动支承

（3）两端游动支承

如图 10-29 所示，此种支承结构形式用得很少，只用于某些特殊情况，如人字齿轮小齿轮轴，由于人字齿轮的螺旋角加工不易做到左右完全一样，在啮合传动时会有左右微量窜动，因此，必须用两端游动支承结构，小齿轮轴可做轴向少量游动，自动补偿两侧螺旋角的制造误差，以防止齿轮卡死或人字齿轮两边受力不均匀。与其相啮合的大齿轮所在的轴则必须采用两端固定支承结构，以使该轴系在箱体中有固定位置。

二、滚动轴承的配合与装拆

1. 滚动轴承的配合

滚动轴承是标准件，其内圈与轴颈的配合采用基孔制，外圈与轴承座孔的配合则采用基轴制。

轴承配合的选择应考虑载荷的大小、方向和性质，转速的高低，工作温度以及套圈是否回转等因素。一般情况下，转动圈应比固定圈的配合紧；转速越高、载荷越大、冲击振动越严重时，采用的配合越紧；当轴承安装于空心轴上时，应采用较紧的配合；工作温度变化较大时，内圈与轴的配合应较紧，外圈与孔的配合应较松。

轴承的配合不同于普通圆柱轴孔的配合。在装配图中，标注轴承内圈与轴的配合时，只标注轴的公差代号而不必标注轴承内圈孔的代号，轴承内圈与轴常采用有过盈的配合，如 n6、m6、k6、js6 等；标注轴承外圈与座孔的配合时则只标孔的公差代号而不标轴承外圈的代号，轴承外圈与座孔的配合常采用有间隙的配合，如 K7、J7、H7、G7 等。滚动轴承配合的选择可参考国家标准。

2. 滚动轴承的装拆

滚动轴承是精密组件，其装拆方法必须规范，否则会降低轴承精度，损坏轴承和其他零部件。装拆时应使滚动体不受力，装拆力应对称均匀作用在轴承套圈的端面上。

由于轴承内圈与轴颈之间是过盈配合，故安装方法可以采用冷压法，即用专用压套用锤打或压力机将轴承装入轴颈，如图 10-30 所示，对于尺寸较大、精度要求较高的轴承，可采用热套法安装轴承，即将轴承放入油池中加热至 80~100℃，然后套装到轴颈上。

轴承的拆卸应使用专门的拆卸工具，如图 10-31 所示，而且在轴的设计中应考虑到定位轴肩的高度应小于轴承内圈的厚度。

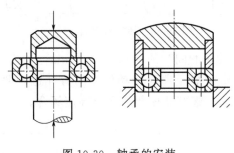

图 10-30　轴承的安装

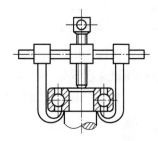

图 10-31　轴承的拆卸

三、滚动轴承的润滑与密封

1. 滚动轴承的润滑

滚动轴承润滑的目的主要是减少摩擦和磨损，同时也有冷却、吸振、防锈和减小噪声的作用。

当轴颈圆周速度 $v<4$~5m/s 时，可采用润滑脂润滑，装填润滑脂时一般不超过轴承内空隙的 1/3~1/2，以免因润滑脂过多而引起轴承发热，影响轴承正常工作。

当轴颈速度过高时，应采用润滑油润滑，不仅能减小轴承的摩擦阻力，还可起到散热、冷却作用。润滑方式常用浸油润滑或飞溅润滑。浸油润滑时油面不应高于最下方滚动体中心，以免因搅油而损失较大能量，使轴承过热。高速轴承采用喷油润滑。

2. 滚动轴承的密封

密封是为了阻止灰尘、杂物等进入轴承，同时也为了防止润滑剂的流失。密封方法的选择与润滑剂种类、工作环境、温度、密封处的圆周速度等有关。密封方法分接触式和非接触式两大类。

接触式密封常用的有毡圈和密封圈密封。图 10-32 为毡圈密封，在轴承端盖上的梯形断面槽内装入毡圈，使其与轴在接触处径向压紧达到密封。密封处轴颈的速度 $v\leqslant 4$~5m/s。图 10-33 为密封圈密封，密封圈由耐油橡胶或皮革制成。安装时密封唇应朝向密封的部位，密封效果比毡圈好，密封处轴颈的速度 $v\leqslant 7$m/s。接触式密封要求轴颈接触部分表面粗糙

度 $Ra \leqslant 1.6 \sim 0.8 \mu m$。

图 10-32 毡圈密封

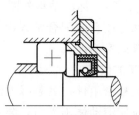
图 10-33 密封圈密封

非接触式密封有油沟密封（图 10-34）和迷宫式密封（图 10-35）。

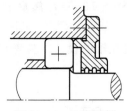
图 10-34 油沟密封

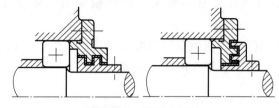
图 10-35 迷宫式密封

油沟密封应在油沟内填充润滑脂，端盖与轴颈的间隙约为 0.1～0.3mm。油沟密封结构简单，适用于轴颈速度 $v \leqslant 5 \sim 6 m/s$。迷宫式密封静止件与转动件之间有几道弯曲的缝隙，缝隙宽度约为 0.2～0.5mm，缝隙中填满润滑脂。迷宫式密封可用于高速场合。

习题

一、判断题

1. 在一般机器中，如无特殊使用要求，优先推荐使用滚动轴承。（　　）
2. 止推滑动轴承能承受径向载荷。（　　）
3. 为了保证润滑，在非承载区的轴瓦上制有油孔和油槽。（　　）
4. 滚动轴承由内圈、外圈和滚动体组成。（　　）
5. 滚动轴承直径系列代号表示轴承内径相同而外径尺寸不同。（　　）
6. 一批同型号滚动轴承，在相同工作条件下的寿命基本相同。（　　）
7. 磨损是滚动轴承最主要的失效形式。（　　）
8. 滚动轴承在基本额定寿命为 100 万转时所能承受的载荷值，称为基本额定动载荷。（　　）
9. 滚动轴承的当量动载荷是指作用于轴承上的径向力与轴向力的代数和。（　　）
10. 在装配图中，标注轴承内圈与轴的配合时，只标注轴的公差代号而不必标注轴承内圈孔的代号。（　　）

二、选择题

1. 内燃机曲轴与连杆之间采用_____滑动轴承。
   A. 整体式　　　　　　B. 对开式　　　　　　C. 调心式
2. 一直齿轮轴，其两端宜采用_____。
   A. 向心轴承　　　　　B. 推力轴承　　　　　C. 向心推力轴承

3. 在尺寸相同的情况下，_____所能承受的轴向载荷最大。
   A. 调心球轴承　　　　　　B. 深沟球轴承　　　　　　C. 角接触轴承
4. 下列滚动轴承中，_____的极限转速最高。
   A. 推力球轴承　　　　　　B. 深沟球轴承　　　　　　C. 角接触轴承
5. 只能承受径向载荷的轴承是_____。
   A. 圆柱滚子轴承　　　　　B. 深沟球轴承　　　　　　C. 推力球轴承
6. 只能承受轴向载荷的轴承是_____。
   A. 圆柱滚子轴承　　　　　B. 深沟球轴承　　　　　　C. 推力球轴承
7. 在滚动轴承的基本分类中，向心轴承其公称接触角 α 的范围是_____。
   A. $\alpha=0°$　　　　　　B. $45°<\alpha\leqslant 90°$　　　　　　C. $0°\leqslant\alpha\leqslant 45°$
8. 滚动轴承代号由基本代号、前置代号和后置代号组成，其中基本代号表示_____。
   A. 轴承的类型、结构和尺寸　　B. 轴承组件　　　　　　C. 轴承内部结构
9. 滚动轴承的类型代号由_____表示。
   A. 数字或字母　　　　　　B. 数字　　　　　　　　　C. 字母
10. 轴承在基本额定动载荷的作用下，运转100万转而不发生点蚀的寿命可靠度为_____。
    A. 10%　　　　　　　　　B. 100%　　　　　　　　C. 90%

三、综合题

1. 试说明滚动轴承代号 7210AC、N211 和 6212 的含义。

2. 某单级直齿圆柱齿轮减速器，从动轴采用一对深沟球轴承（6209）支承，已知转速 $n=450\text{r/min}$，轴承所受径向载荷 $F_{R1}=F_{R2}=3200\text{N}$，载荷有轻微冲击，常温下工作，要求轴承预期寿命为 20000h。试判断该对轴承是否合适。

3. 如图 10-36 所示，轴两端安装角接触球轴承 7207AC。轴承常温下工作，工作中有中等冲击。转速 $n=1800\text{r/min}$，轴上的轴向载荷 $F_a=870\text{N}$，两轴承的径向载荷分别为 $F_{R1}=3400\text{N}$，$F_{R2}=1100\text{N}$。试确定哪个轴承寿命较短，并计算出此轴承的寿命。

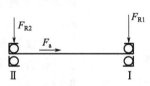

图 10-36　题三、3 图

单元十一

联轴器和离合器

知识目标

了解联轴器的类型及应用；

了解离合器的类型及应用。

技能目标

具备合理选用联轴器的能力；

具备合理选用离合器的能力。

机械传动中，常需将机器中不同部件的两根轴连接起来，以传递运动和动力，联轴器就是用来连接两轴的重要部件。如图 11-1 所示的带式输送机中，减速器与滚筒之间就是用联轴器连接并传递运动和动力的。

汽车、拖拉机手动换挡时，需用离合器将发动机和变速箱运动分离，完成换挡操作后离合器接合，发动机就和传动装置连接传递运动和动力。离合器是运动连接与断开的重要部件。

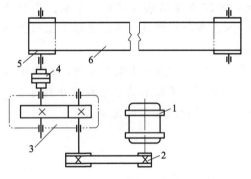

图 11-1 带式输送机运动简图

1—电动机；2—带传动；3—减速器；
4—联轴器；5—滚筒；6—输送带

联轴器和离合器都是用来连接两根轴，使之一起转动并传递动力的装置。联轴器与离合器的区别是：联轴器只有在机器停止运转后将其拆卸，才能使两轴分离；离合器则可以在机器运转过程中进行分离或接合。

课题一 联 轴 器

一、联轴器的分类

对于联轴器所连接的两轴，由于制造和安装误差、受载后的变形、温度变化和局部地基的下沉等因素，使连接的两轴产生一定的相对位移，如图 11-2 所示。因此，要求联轴器能补偿这些位移，否则会在轴、联轴器和轴承中引起附加载荷，导致工作情况恶化，甚至引起轴折断，轴承或联轴器中元件损坏。

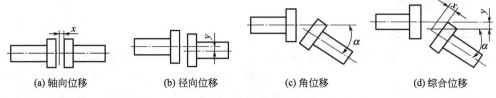

(a) 轴向位移　　(b) 径向位移　　(c) 角位移　　(d) 综合位移

图 11-2　轴线的相对位移

联轴器的种类很多，按有无补偿两轴相对位移的能力，可分为刚性联轴器和挠性联轴器两大类。

二、刚性联轴器

刚性联轴器不能补偿两轴的相对位移，要求所连接两轴对中性要好，对机器安装精度要求高。常用的刚性联轴器有套筒联轴器和凸缘联轴器。

1. 套筒联轴器

套筒联轴器是利用套筒、键或圆锥销将两轴连接起来，如图 11-3 所示。当主动轴转动时，通过其上的键或圆锥销带动套筒转动，套筒通过与从动轴间的键或销驱动从动轴转动。套筒联轴器的结构简单、容易制造、径向尺寸小，但装拆不便（需作轴向位移），用于载荷不大、转速不高、工作平稳、两轴对中性好、要求联轴器径向尺寸小的场合。

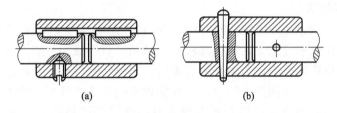

(a)　　　　(b)

图 11-3　套筒联轴器

2. 凸缘联轴器

凸缘联轴器的结构如图 11-4 所示，由两个带凸缘的半联轴器通过键分别与两轴相连接，再用一组螺栓把两个半联轴器连接起来。凸缘联轴器有两种对中方式，图 11-4(a) 所示为普通螺栓连接，用凸肩和凹槽对中；图 11-4(b) 采用铰制孔螺栓对中。凸缘联轴器结构简单，成本低，但不能补偿两轴线可能出现的径向位移和角位移，故多用于转速较低、载荷平稳、两轴线对中性较好的场合。

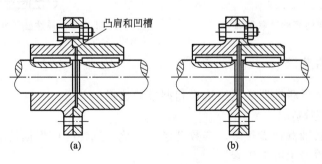

(a)　　　　(b)

图 11-4　凸缘联轴器

三、挠性联轴器

1. 十字滑块联轴器

如图 11-5 所示,十字滑块联轴器是由两个端面开有径向凹槽的半联轴器 1、3 和一个两面带有凸块的中间盘 2 组成。中间盘两端面上互相垂直的凸块嵌入 1、3 的凹槽中并可相对滑动,以补偿两轴间的综合位移。为了减少滑动面间的磨损,在凹槽与凸块的工作面应注入润滑油。

十字滑块联轴器结构简单、径向尺寸小,制造方便,但工作时中间盘因偏心而产生较大的离心力,故适用于低速、工作平稳的场合。因无弹性元件,故不能缓冲减振。

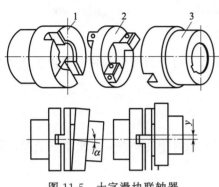

图 11-5 十字滑块联轴器

2. 弹性套柱销联轴器

如图 11-6 所示,弹性套柱销联轴器的结构与凸缘联轴器相似,不同之处在于用装有弹性套圈的柱销代替了螺栓。安装时,一般将装有弹性套的半联轴器作动力的输出端,并在两半联轴器间留有轴向间隙,使两轴可有少量的轴向位移。这种联轴器结构简单,价格便宜,安装方便,适用于转速较高、有振动和经常正反转、启动频繁的场合。

3. 弹性柱销联轴器

如图 11-7 所示,弹性柱销联轴器与弹性套柱销联轴器相类似,不同的是用尼龙柱销代替弹性套柱销,工作时通过尼龙柱销传递转矩。柱销形状一段为柱形,另一段为腰鼓形,以增大补偿两轴间角位移的能力,为防止柱销滑出,两侧装有挡板。其特点及应用情况与弹性套柱销联轴器相似,而且结构更为简单,维修安装方便,传递转矩的能力很大。

弹性套柱销联轴器和弹性柱销联轴器均为有弹性元件的挠性联轴器,统称为弹性联轴器,不仅可以补偿两轴间的相对位移,而且具有缓冲减振能力。

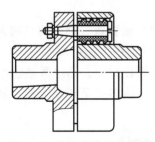

图 11-6 弹性套柱销联轴器

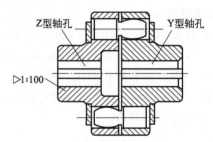

图 11-7 弹性柱销联轴器

四、联轴器的选择

联轴器的选择包括联轴器的类型选择和型号的选择。

1. 联轴器的类型选择

机械中常用的联轴器种类很多,多数已经标准化,选择时应根据使用要求和工作条件来确定。具体选择时应考虑以下因素:

(1) 一般载荷平稳、传动转矩大、同轴度好、无相对位移的场合,应选用刚性联轴器。

(2) 载荷变化大、要求缓冲减振或同轴度不易保证的场合,应选用有弹性元件的挠性联轴器。

(3) 安装调整后难以保证两轴精确对中或者工作过程中有较大位移量的两轴连接,应选用带有弹性元件的挠性联轴器。

2. 联轴器的型号选择

联轴器的类型确定后,应根据轴端直径、转矩大小和转速,从联轴器标准中选用。考虑原动机的性质和工作机启动、制动、变速时的惯性力和冲击载荷等因素,应按计算转矩 T_C 选择联轴器。计算转矩和工作转矩 T 之间的关系为

$$T_C = K_A T \tag{11-1}$$

式中,K_A 为工作情况系数,见表 11-1。

所选型号联轴器必须同时满足:

$$T_C \leqslant [T]$$
$$n \leqslant [n]$$

式中,$[T]$ 为许用最大转矩;$[n]$ 为许用最高转速。$[T]$ 和 $[n]$ 由机械设计手册或标准中查出。

表 11-1 工作情况系数 K_A

工作机	原动机为电动机
发电机、小型通风机、小型离心泵	1.3
透平压缩机、木工机械、输送机	1.5
搅拌机、增压泵、有飞轮的压缩机、冲床	1.7
织布机、水泥搅拌机、拖拉机	1.9
挖掘机、起重机、碎石机、造纸机	2.3

【例 11-1】 如图 11-1 所示带式输送机,已知减速器输出轴功率 $P = 2.25 \text{kW}$,转速 $n = 95.7 \text{r/min}$,输出轴安装联轴器轴段直径 $d = 40 \text{mm}$。经初估轴的直径计算,卷筒轴安装联轴器轴段直径 $d = 35 \text{mm}$。试选择减速器输出轴与卷筒轴之间的联轴器型号。

解 (1) 选择联轴器类型

为了缓和冲击和减轻振动,选用弹性套柱销联轴器。

(2) 求计算转矩

由表 11-1 查取 $K_A = 1.5$,由式(11-1) 得

$$T_C = K_A T = 1.5 \times 9550 \times \frac{P}{n} = 1.5 \times 9550 \times \frac{2.25}{95.7} = 337 \text{ (N·m)}$$

(3) 确定联轴器型号

由设计手册选取弹性套柱销联轴器型号为 LT7,该联轴器的公称转矩(许用转矩)为 500N·m;半联轴器为铸铁时,许用转速为 2800r/min,允许轴的直径有 40mm、42mm、45mm、48mm 几种,以上数据均能满足本题的要求,故所选联轴器合适。

课题二 离 合 器

用离合器连接的两轴,可以通过操纵系统在机器运转过程中随时进行接合或分离,以实

现系统的间断运行、变速和换向等。离合器按其接合方式不同可分为牙嵌式和摩擦式两类。

1. 牙嵌离合器

牙嵌离合器的结构如图 11-8 所示,由端面带牙的两个半离合器 1、3 组成,依靠相互嵌合的牙面接触传递转矩。半离合器 1 用普通平键和紧定螺钉固定在主动轴上,半离合器 3 用导向键或花键装在从动轴上,并通过操纵机构带动滑环 4 使其沿轴向移动,从而实现离合器的分离或接合。对中环 2 固定在主动轴的半离合器上,以使两轴能较好地对中,从动轴轴端可在对中环上自由转动。牙嵌离合器结构简单,尺寸小,工作时被连接的两轴无相对滑动而同速旋转,并能传递较大的转矩,但是在运转中接合时有冲击和噪声,因此接合时必须使主动轴慢速转动或停车。

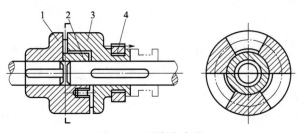

图 11-8 牙嵌离合器

1,3—半离合器;2—对中环;4—滑环

2. 摩擦离合器

摩擦离合器是靠摩擦力传递转矩的,可在任何转速下实现两轴的离合,并具有操纵方便、接合平稳、分离迅速和过载保护等优点,但两轴不能精确同步运转,相对滑动会引起摩擦面的发热与磨损。摩擦离合器可分为单盘式和多盘式两种。

(1) 单盘式 如图 11-9 所示为单盘式摩擦离合器,摩擦盘 2 紧固在主动轴 1 上,摩擦盘 3 用导向键(或花键)与从动轴 5 相连接并可沿轴向移动,工作时,通过操纵滑环 4 使摩擦盘 3 左右移动,从而实现两摩擦盘接合或分离。这种离合器结构简单,但传递的转矩较小,实际生产中常用多盘式。

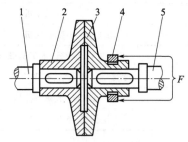

图 11-9 单盘式摩擦离合器

1—主动轴;2,3—摩擦盘;4—滑环;5—从动轴

(2) 多盘式 多盘式摩擦离合器如图 11-10 所示,外套筒 2、内套筒 9 分别固定在主动轴 1 和从动轴 10 上,它有两组摩擦片,其中一组外摩擦片 4 和外套筒 2 为花键连接,另一组内摩擦片 5 和内套筒 9 也为花键连接,两组摩擦片交错

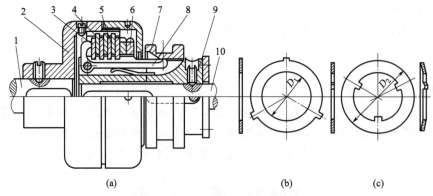

图 11-10 多盘式摩擦离合器

1—主动轴;2—外套筒;3—压板;4—外摩擦片;5—内摩擦片;6—螺母;7—滑环;
8—角形杠杆;9—内套筒;10—从动轴

排列。图示为离合器处于接合状态,此时摩擦片相互压紧,随同主动轴和外套筒一起旋转的外摩擦片通过摩擦力将转矩和运动传递给内摩擦片,从而使内套筒和从动轴旋转。当操纵滑环 7 向右移动时,角形杠杆 8 在弹簧的作用下将摩擦片放松,则两轴分离。

为使摩擦片易于松开、提高接合时的平稳性,常将内摩擦片制成蝶形,如图 11-10(c)所示,并使其具有一定弹性。螺母 6 可调节摩擦片之间的压力。

习题

一、判断题

1. 联轴器和离合器的主要区别是:用联轴器时无需拆卸就能使两轴分离或接合,用离合器时则要经拆卸才能把两轴分开。(　　)
2. 套筒联轴器主要用于径向安装尺寸受限并要求严格对中的场合。(　　)
3. 若两轴刚性较好,且安装时能精确对中,可选用刚性凸缘联轴器。(　　)
4. 联轴器连接的两轴直径必须相等,否则无法工作。(　　)
5. 多盘式摩擦离合器的摩擦片数越多,接合越不牢靠,因而传递的转矩也越小。(　　)
6. 工作有冲击、振动,两轴不能严格对中时,宜选用弹性联轴器。(　　)
7. 弹性柱销联轴器允许两轴有较大的角位移。(　　)
8. 要求某机器的两轴在任何转速下都能接合或分离,应选用牙嵌离合器。(　　)

二、选择题

1. 下列联轴器中,_____具有良好的补偿综合位移的能力。
   A. 凸缘联轴器　　　　　　B. 十字滑块联轴器　　　　　　C. 弹性柱销联轴器
2. 凸缘联轴器是一种_____联轴器。
   A. 刚性　　　　　　　　　B. 挠性　　　　　　　　　　　C. 金属弹性元件挠性
3. 牙嵌离合器适用于哪种场合的接合?_____
   A. 任何转速下都能接合　　B. 高速转动时接合　　　　　　C. 低转速或停车时接合
4. 两轴对中性不好,会使轴_____。
   A. 受载均匀　　　　　　　B. 使用寿命增加　　　　　　　C. 产生附加载荷
5. 用铰制孔螺栓连接凸缘联轴器,在传递转矩时_____。
   A. 螺栓受拉伸　　　　　　B. 螺栓同时受剪切与挤压　　　C. 螺栓受剪切
6. 在转矩较大且对中准确的情况下,宜选用_____。
   A. 凸缘联轴器　　　　　　B. 十字滑块联轴器　　　　　　C. 弹性柱销联轴器
7. 一般情况下,连接电动机和减速器轴,如果要求有弹性,宜采用_____。
   A. 凸缘联轴器　　　　　　B. 十字滑块联轴器　　　　　　C. 弹性柱销联轴器
8. 牙嵌离合器的下列优点中,_____是错误的。
   A. 接合比较可靠　　　　　B. 接合时平稳,冲击小　　　　C. 传递转矩较大

单元十二

课程实验

实验一 机构运动简图测绘

1. 实验目的
(1) 对运动副、零件、构件及机构等概念建立实物感;
(2) 熟悉并会运用常用运动副、构件及机构的简图符号;
(3) 学会根据实际机器或模型的结构测绘机构运动简图;
(4) 验证和巩固机构自由度计算方法和构件系统具有确定运动的条件。

2. 实验条件说明
滑杆偏心泵、滑块机构、缝纫机、插齿机、三自由度机构等各种机构;
自备铅笔、直尺、圆规、草稿纸等。

3. 机构运动简图测绘步骤
(1) 确定机构中构件的类型和数目

首先使被测绘的机器或模型缓慢地运动,从主动件开始仔细观察其中所测机构各构件间的相互运动关系,从而确定组成该机构的构件数目。先定机架位置,再定主动件,后定从动件。

(2) 确定运动副的类型和数目

根据相连接的两构件间的接触情况及相对运动性质,确定各运动副的类型及数目。

(3) 绘制机构示意图

首先正确地选择机构的运动平面,然后将各构件的运动副连接成副,绘制在运动平面上,即得到机构示意图。

具体方法是:在草稿纸上徒手按规定的符号与构件的连接次序,从主动件开始逐步画出机构示意图,用数字 1,2,3…分别标出各构件,用 a, b, c…分别标注各运动低副,A, B, C…分别标注各运动高副,并在主动件上标注箭头表示原动件。

(4) 绘制机构运动简图

仔细测量与运动副有关的尺寸,即转动副之间的中心距和移动副导路的位置尺寸或角度等,任意假定主动件的位置,并按一定比例绘制机构运动简图。

(5) 平面机构自由度计算

① 计算平面机构自由度

$$F = 3n - 2P_L - P_H$$

② 核对计算结果是否正确。判断主动件数目与自由度数目是否相等,分析机构运动的

确定性。

4. 实验要求

根据上述原理绘制 2~4 种机构的示意图，并根据实际情况，由指导教师确定绘制 1~2 种机构的运动简图。

5. 思考题

（1）何谓机构的运动简图？为什么绘制简图时只考虑两运动副元素之间的距离而不考虑机构各构件的外形结构？

（2）机构具有确定运动的条件是什么？

实验二　带传动试验

1. 实验目的

（1）了解带传动实验台的结构和工作原理；

（2）观察带传动的弹性滑动和打滑现象；

（3）掌握转速、扭矩、转速差及带传动效率的测量方法；

（4）了解带的初拉力、带速等参数的改变对带传动效率的影响。

2. 带传动试验台的结构和工作原理

如图 12-1 所示，带传动实验台主要由两个直流电机组成，其中一个为主动电机 5，另一个为从动电机 7，作发电机使用，其电枢绕组两端接上灯泡负载 8，主动电机固定在一个可水平方向移动的底板上，与发电机由平带 6 连接。在与滑动底板相连的砝码架上加上砝码，即可拉紧皮带。电机锭子未固定可转动，其外壳上装有测力杆 4，支点压在压力传感器 3 上，通过计算即可得到电动机和发电机的臂力。两电机后端装有光电测速装置和测速转盘，所测转速在显示面板 1 上各自的数码管上显示。

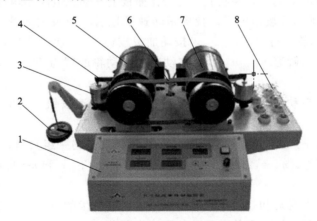

图 12-1　带传动实验台

1—显示面板；2—砝码架及砝码；3—压力传感器；4—测力杆；5—主动电机；
6—平带；7—从动电机；8—灯泡负载

（1）力矩测量

主动轮上的力矩：$T_1 = F_1 L_1$

从动轮上的力矩：$T_2 = F_2 L_2$

式中　F_1——电动机带轮臂力，N；
　　　F_2——发电机带轮臂力，N；
$L_1=L_2=120\text{mm}$，为电动机和发电机测力杆杆长。

(2) 带传动的效率 η

$$\eta=\frac{P_2}{P_1}=\frac{T_2 n_2}{T_1 n_1}$$

式中　P_1——主动轮功率，kW；
　　　P_2——从动轮功率，kW；
　　　n_1——主动轮转速，r/min；
　　　n_2——从动轮转速，r/min。

(3) 弹性滑动系数 ε

$$\varepsilon=\frac{V_1-V_2}{V_1}$$

当主、从动轮直径相同时

$$\varepsilon=1-\frac{n_2}{n_1}$$

3. 实验步骤

绘制皮带传动滑动曲线和效率曲线：该实验装置采用压力传感器和 A/D 板采集并转换成主动带轮和从动带轮的驱动力矩和阻力矩数据，采用角位移传感器和 A/D 板采集并转换成主、从动带轮的转数。最后输入计算机进行处理做出滑动曲线和效率曲线。使学生了解皮带传动的弹性滑动和打滑对传动效率的影响。

(1) 熟悉实验设备、掌握设备和仪器的使用方法。

(2) 对带加初拉力两次：$F_0=4\text{kgf}$，$F_0=5\text{kgf}$（$1\text{kgf}\approx9.8\text{N}$）（教师指定）。

(3) 启动实验台的电动机，在实验台的操作面板上开动总电源，均匀旋转调速按钮 $n_1=1250\text{r/min}$，同时按动加载按钮置零，待皮带转速平稳后，记录主动轮、从动轮的转速 n_1、n_2 以及主动轮、从动轮的臂力 F_1、F_2，按动加载按钮 1~2 次，待皮带转速平稳后，再次记录主动轮、从动轮的转速 n_1、n_2 以及主动轮、从动轮的臂力 F_1、F_2，如此类推，直至皮带打滑。

(4) 停机。首先按动卸载按钮置零，然后均匀旋转调速按钮，将电动机转速调到零位，最后关闭电源。

(5) 改变初拉力 F_0，重复上述 (3)、(4) 步骤，测得另一组数据。

(6) 计算 T_1、T_2、η、ε，根据实验数据作出 T_2-η、T_2-ε 和 η-ε 曲线。

4. 思考题

(1) 带传动的弹性滑动和打滑现象有何区别？它们产生的原因是什么？

(2) 影响带传动弹性滑动和传动能力的因素有哪些？

(3) 针对带传动的打滑失效，可采用哪些技术措施予以改进？

实验三　齿轮参数的测定

1. 实验目的

(1) 运用所学过的齿轮基本知识，掌握测定齿轮基本参数的方法；

(2) 通过测量和计算，巩固有关齿轮各几何参数之间的相互关系和渐开线性质等基本知识。

2. 设备和工具

(1) 被测齿轮两个（奇数齿轮和偶数齿轮各一个）；
(2) 游标卡尺（游标分度值不大于0.05mm）、公法线长度百分尺（可用游标卡尺代替）。

3. 实验原理

渐开线直齿圆柱齿轮的基本参数有：齿数 z、模数 m、分度圆压力角 α、齿顶高系数 h_a^*、顶隙系数 c^*、变位系数 x。

本实验是用游标卡尺和公法线长度百分尺来测量，并通过计算得出一对直齿圆柱齿轮的基本参数。

4. 实验要求

实验课前：认真复习关于齿轮各部分几何尺寸与基本参数的关系；

根据实验原理拟定出实验方案，制定好全部测量数据记录表；

考虑被测齿轮有加工误差、测量误差，每个数据均应测量三次以上，取其平均值；

每人测定出两个齿轮的基本参数 z、m、α、h_a^*、c^* 及 x。

5. 实验步骤

(1) 齿数 z 的确定

直接从被测齿轮上数出其齿数。

(2) 测定齿轮齿顶圆直径 d_a 和齿根圆直径 d_f

① 齿轮为偶数时：d_a 和 d_f 可用游标卡尺直接测出，如图 12-2 所示。

② 齿轮为奇数时：d_a 和 d_f 须采用间接测量的方法，如图 12-3 所示。先量出齿轮安装孔直径 D，然后分别量出孔壁到某一齿顶的距离 H_1 和孔壁到某一齿根的距离 H_2。

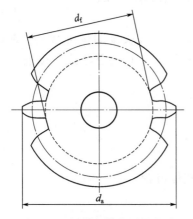

图 12-2 偶数齿轮的测量方法

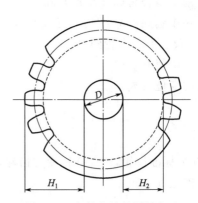

图 12-3 奇数齿轮的测量方法

再按下式计算出 d_a 和 d_f 值。

齿顶圆直径：$d_a = D + 2H_1$　　　齿根圆直径：$d_f = D + 2H_2$

为了减少测量误差，同一测量值，应在不同位置上测量3次（例：在圆周上每隔120°测出一个数据）然后取其算数平均值。

(3) 计算全齿高

偶数齿轮：$h = \dfrac{1}{2}(d_a - d_f)$　　　奇数齿轮：$h = H_1 - H_2$

(4) 测定公法线长度 W'_k, W'_{k+1}

直齿圆柱齿轮公法线长度的概念：如图 12-4 所示，若卡尺跨测两个齿时，两个卡脚与两条反向的渐开线相切，两切点之间的连线，就称为跨两个齿的公法线长度，用 W_2 来表示。跨测 k 个齿时就得到跨 k 个齿的公法线长度，用 W'_k 来表示。

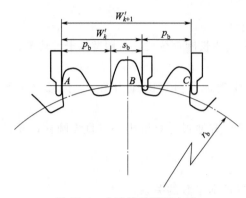

图 12-4 公法线的测量方法

W'_k 值按图 12-4 所示的方法，用公法线长度千分尺或游标卡尺测量。

首先根据被测齿轮的齿数 z，从有关表格中按标准齿轮查出跨侧齿数 k（或 $k = 0.11z + 0.5$），然后按照图 12-4 所示用公法线长度百分尺或游标卡尺测出跨测 k 个齿时的公法线长度 W'_k。为了减少测量误差，W'_k 应在齿轮一周的三个均分部位上测量三次，取其平均值。按同样方法测出跨 $k+1$ 个齿时的公法线长度 W'_{k+1}。考虑到齿轮有公法线长度变动量误差，测量 W'_k 和 W'_{k+1} 值时，应在相同的几个齿上进行。

(5) 确定基圆齿距 p_b、模数 m 和压力角 α

$$p_b = W'_{k+1} - W'_k$$

$$m = \frac{p_b}{\pi \cos \alpha}$$

式中 α 可能是 15°，也可能是 20°。分别用 15°和 20°代入模数公式，算出两个模数，其中最接近标准模数值的一组 m 和 α，即为所求齿轮的模数和压力角。

(6) 判定是否为标准齿轮并确定变位系数 x

判定一个齿轮是标准齿轮还是变位齿轮，最好用公法线长度测量值 W'_k 和理论计算值 W_k 进行比较。由于齿轮的 z、m、α 已知，所以可从标准齿轮的公法线长度表中查得公法线长度的理论值 W_k。

齿轮的变位系数：

$$x = \frac{W'_k - W_k}{2m \sin \alpha}$$

$x = 0$ 为标准齿轮，$x > 0$ 正变位齿轮，$x < 0$ 负变位齿轮。

(7) 确定 h_a^* 和 c^*

$$h_f = m(h_a^* + c^* - x) = \frac{1}{2}(mz - d_f)$$

式中齿根圆直径 d_f 可用游标卡尺测定，仅 h_a^* 和 c^* 未知，故分别用标准齿（$h_a^* = 1$，$c^* = 0.25$）和短齿（$h_a^* = 0.8$，$c^* = 0.3$）两种标准代入，符合等式的一组即为所求的值。

6. 思考题

(1) 决定渐开线齿轮齿廓形状的参数有哪些？

(2) 测量渐开线齿轮公法线长度是根据渐开线的什么性质？

(3) 在测量渐开线直齿圆柱齿轮的齿根圆和齿顶圆时，齿数为奇数和偶数时有何不同？

实验四 齿轮展成原理

1. 实验目的
(1) 掌握展成法加工渐开线齿轮齿廓的切齿原理,观察齿廓渐开线和包络线的形成过程;
(2) 理解渐开线齿轮产生根切的原因及采用变位避免发生根切的方法;
(3) 分析比较标准齿轮和变位齿轮的异同点。

2. 实验设备和用具
(1) 齿轮范成仪;
(2) 自备:外圆 $\phi=220\text{mm}$、内孔 $\phi=36\text{mm}$ 或者外圆 $\phi=260\text{mm}$、内孔 $\phi=48\text{mm}$ 圆形绘图纸一张,削尖的 2H(H)铅笔、橡皮、小刀、圆规(带延伸杆)、三角板、计算器、草稿纸等。

3. 实验原理
展成法是利用一对齿轮互相啮合时,其共轭齿廓互为包络线的原理来加工齿轮的。加工时其中一轮为刀具,另一轮为毛坯,而由机床的传动链迫使它们保持固定的传动比传动,与一对齿轮互相啮合的传动过程完全一样;同时刀具还沿轮坯的轴向作切削运动。这样切出的齿轮的齿廓就是刀具刀刃在各个位置的包络线,若用渐开线作为刀具齿廓,则其包络线亦为渐开线。由于实际加工时看不到刀刃在各个位置形成包络线的过程,故通过齿轮展成仪来实现上述的刀具与轮坯间的展成运动,并用笔将刀具刀刃的各个位置画在图纸上,这样就能清楚地观察到齿轮的展成过程。

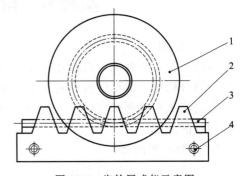

图 12-5 齿轮展成仪示意图
1—轮坯;2—齿条;3—溜板;4—螺钉

展成仪所用的刀具模型为齿条插刀,仪器构造如图 12-5 所示,轮坯 1 绕固定的轴心转动,代表刀具的齿条 2 安装在溜板 3 上,当移动溜板 3 时,借助于齿轮齿条 2 的传动使轮坯 1 上的分度圆与溜板 3 上的齿条节线作纯滚动。

松开螺钉 4 即可改变齿条刀具相对于轮坯中心的距离,因此齿条 2 可以固定在相对于轮坯 1 的任一位置上,如把齿条 2 安装在其中线与轮坯 1 上的分度圆相切的位置时,则可以绘出标准齿轮的尺廓。当齿条 2 的中线与轮坯 1 的分度圆间有距离时(其移距值 xm 可在溜板两侧的刻度上直接读出来),则可按变位值的大小和方向绘出各种正、负变位的齿轮。

本实验所用的两把刀具模型为齿条型插齿刀,其参数为
第一组:$m=20$、$z=8$、$\alpha=20°$、$h_a^*=1$、$c^*=0.25$;
第二组:$m=20$、$z=10$、$\alpha=20°$、$h_a^*=1$、$c^*=0.25$

4. 实验步骤
(1) 利用被加工齿轮的第一组参数或者第二组参数,分别计算其分度圆、基圆、齿顶圆和齿根圆直径,填入实验报告表内。
(2) 将 $\phi=220\text{mm}$ 或 $\phi=260\text{mm}$ 圆形图纸画出分度圆、基圆、齿顶圆和齿根圆,其参数及尺寸应标注清楚。

以上步骤应在实验课前完成。

(3) 第一组取 $m=20$mm 的齿条刀具模型和外圆 $\phi=220$mm、内孔 $\phi=36$mm 圆形图纸，第二组取 $m=20$mm 的齿条刀具模型和外圆 $\phi=260$mm、内孔 $\phi=48$mm 圆形图纸安装在齿轮范成仪上。将刀具溜板 3 先移到中间，将齿条 2 的刻线位置对准零线（即 $x=0$）后，拧紧螺钉 4，使 $x=0$ 区间进入被切削范围，用压板压紧"轮坯"后拧紧螺母。将刀具溜板 3 移到最右（或最左）端，每当把溜板 3 向左（或向右）推动一个较小的距离时（刀具溜板 3 移动 1~2mm），在代表轮坯的圆形图纸上，用笔尖始终贴着刀具轮廓描下刀刃的位置，表示齿条插刀切削一次的刀刃痕迹。应控制使其间距均匀，表示等速范成。重复描绘，直到形成 2~3 个完整齿形为止。

仔细观察齿廓的形成过程，可以清楚地看到被切到的部分成为齿槽，留下的部分即为直线刀刃范成包络而成的渐开线轮齿，并观察轮齿根部有无被切去的部分（即"根切"现象）。观察比较标准齿轮、正变位齿轮的齿形变化和其齿厚、齿槽宽、齿顶圆直径、齿根圆直径有无变化，变化的特点以及根切现象等。

5. 思考题

(1) 用齿条刀具加工标准齿轮时，刀具与轮坯的相对运动有何要求？
(2) 齿轮根切是如何产生的？怎样避免？
(3) 刀具的齿顶高和齿根高为什么都等于 $m(h_a^* + c^*)$？

实验五　常用机构的运动演示

1. 实验目的

本陈列柜主要展示平面连杆机构、空间连杆机构、凸轮机构、齿轮机构、轮系、间歇机构以及组合机构等常见机构的基本类型和应用，演示机构的传动原理。

通过参观机械原理陈列柜，可以帮助同学们加强对常见机构的感性认识，并促进对机构设计问题的理解。

2. 陈列柜的内容

(1) 第一柜　机构的组成。
(2) 第二柜　平面连杆机构。
(3) 第三柜　平面连杆机构的应用。
(4) 第四柜　空间连杆机构。
(5) 第五柜　凸轮机构。
(6) 第六柜　齿轮机构的类型。
(7) 第七柜　轮系的类型。
(8) 第八柜　轮系的功用。
(9) 第九柜　间歇运动机构。
(10) 第十柜　组合机构。

实验六　常用机械零件及传动演示

1. 实验目的

本陈列柜主要展示机械中有关连接、传动、轴承及其他通用零件的基本类型、结构形式和设计知识。

通过参观机械原理陈列柜，可以帮助同学们加强对常见连接、传动、轴承及其他通用零件的基本类型、结构形式，并促进对机械设计问题的理解。

2. 陈列柜的内容

(1) 第一柜　螺纹连接的类型。
(2) 第二柜　螺纹连接的应用。
(3) 第三柜　键、花键和无键连接。
(4) 第四柜　铆、焊、胶接和过盈配合连接。
(5) 第五柜　带传动。
(6) 第六柜　链传动。
(7) 第七柜　齿轮传动。
(8) 第八柜　蜗杆传动。
(9) 第九柜　滑动轴承。
(10) 第十柜　滚动轴承。
(11) 第十一柜　滚动轴承装置设计。
(12) 第十二柜　联轴器。
(13) 第十三柜　离合器。
(14) 第十四柜　轴的分析与设计。
(15) 第十五柜　弹簧。
(16) 第十六柜　减速器。
(17) 第十七柜　润滑与密封。
(18) 第十八柜　小型机械结构设计实例。

附 录

附表1 深沟球轴承（摘自 GB/T 276—2013）

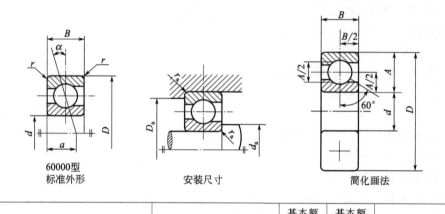

60000型标准外形　　安装尺寸　　简化画法

轴承代号	基本尺寸/mm				安装尺寸/mm			基本额定动载荷 C_r/kN	基本额定静载荷 C_{0r}/kN	极限转速/(r/min)		原轴承代号
	d	D	B	r_{min}	d_{amin}	D_{amax}	r_{amax}	kN		脂润滑	油润滑	
6000	10	26	8	0.3	12.4	23.6	0.3	4.58	1.98	20000	28000	100
6001	12	28	8	0.3	14.4	25.6	0.3	5.10	2.38	19000	26000	101
6002	15	32	9	0.3	17.4	29.6	0.3	5.58	2.85	18000	24000	102
6003	17	35	10	0.3	19.4	32.6	0.3	6.00	3.25	17000	22000	103
6004	20	42	12	0.6	25	37	0.6	9.38	5.02	15000	19000	104
6005	25	47	12	0.6	30	42	0.6	10.0	5.85	13000	17000	105
6006	30	55	13	1	36	49	1	13.2	8.30	10000	14000	106
6007	35	62	14	1	41	56	1	16.2	10.5	9000	12000	107
6008	40	68	15	1	46	62	1	17.0	11.8	3500	11000	108
6009	45	75	16	1	51	69	1	21.0	14.8	8000	10000	109
6010	50	80	16	1	56	74	1	22.0	16.2	7000	9000	110
6011	55	90	18	1.1	62	83	1	30.2	21.8	6300	8000	111
6012	60	95	18	1.1	67	88	1	31.5	24.2	6000	7500	112
6013	65	100	18	1.1	72	93	1	32.0	24.8	5600	7000	113
6014	70	110	20	1.1	77	103	1	38.5	30.5	5300	6700	114
6015	75	115	20	1.1	82	108	1	40.2	33.2	5000	6300	115
6016	80	125	22	1.1	87	118	1	47.5	39.8	4800	6000	116
6017	85	130	22	1.1	92	123	1	50.8	42.8	4500	5600	117
6018	90	140	24	1.5	99	131	1.5	58.0	49.8	4300	5300	118
6019	95	145	24	1.5	104	136	1.5	57.8	50.0	4000	5000	119
6020	100	150	24	1.5	109	141	1.5	64.5	56.2	3800	4800	120

续表

轴承代号	基本尺寸/mm				安装尺寸/mm			基本额定动载荷 C_r/kN	基本额定静载荷 C_{0r}/kN	极限转速/(r/min)		原轴承代号
	d	D	B	r_{min}	d_{amin}	D_{amax}	r_{amax}	kN		脂润滑	油润滑	
6200	10	30	9	0.6	15	25	0.6	5.10	2.38	19000	26000	200
6201	12	32	10	0.6	17	27	0.6	6.82	3.05	18000	24000	201
6202	15	35	11	0.6	20	30	0.6	7.65	3.72	17000	22000	202
6203	17	40	12	0.6	22	35	0.6	9.58	4.78	16000	20000	203
6204	20	47	14	1	26	41	1	12.8	6.65	14000	18000	204
6205	25	52	15	1	31	46	1	14.0	7.88	12000	16000	205
6206	30	62	16	1	36	56	1	19.5	11.5	9500	13000	206
6207	35	72	17	1.1	42	65	1	25.5	15.2	8500	11000	207
6208	40	80	18	1.1	47	73	1	29.5	18.0	8000	10000	208
6209	45	85	19	1.1	52	78	1	31.5	20.5	7000	9000	209
6210	50	90	20	1.1	57	83	1	35.0	23.2	6700	8000	210
6211	55	100	21	1.5	64	91	1.5	43.2	29.2	6000	7500	211
6212	60	110	22	1.5	69	101	1.5	47.8	32.8	5600	7000	212
6213	65	120	23	1.5	74	111	1.5	57.2	40.0	5000	6300	213
6214	70	120	24	1.5	79	116	1.5	60.8	45.0	4800	6000	214
6215	75	130	25	1.5	84	121	1.5	66.0	49.5	4500	5600	215

附表 2　角接触球轴承的基本额定载荷（摘自 GB/T 292—2007）　　kN

轴承型号		C_r		C_{0r}	
		C 型	AC 型	C 型	AC 型
7204C	7204AC	14.5	14.0	8.22	7.82
7205C	7205AC	16.5	15.8	10.5	9.88
7206C	7206AC	23.0	22.0	15.0	14.2
7207C	7207AC	30.5	29.0	20.0	19.2
7208C	7208AC	36.8	35.2	25.8	24.5
7209C	7209AC	38.5	36.8	28.5	27.2
7210C	7210AC	42.8	40.8	32.0	30.5
7211C	7211AC	52.8	50.5	40.5	38.5
7212C	7212AC	61.0	58.2	48.5	46.2
7213C	7213AC	69.8	66.5	55.2	52.5
7214C	7214AC	70.2	69.2	60.0	57.5
7215C	7215AC	79.2	75.2	65.8	63.0
7216C	7216AC	89.5	85.0	78.2	74.5
7217C	7217AC	99.8	94.8	85.0	81.5
7218C	7218AC	122	118	105	100
7219C	7219AC	135	128	115	108
7220C	7220AC	148	142	128	122

参 考 文 献

[1] 邓昭铭,张莹. 机械设计基础. 3版. 北京:高等教育出版社,2013.
[2] 柴鹏飞. 机械设计基础. 2版. 北京:机械工业出版社,2013.
[3] 胡家秀. 机械设计基础. 2版. 北京:机械工业出版社,2008.
[4] 苗淑杰,刘喜平. 机械设计基础. 北京:北京大学出版社,2012.
[5] 黄森彬. 机械设计基础. 北京:机械工业出版社,2001.
[6] 李威,穆玺清. 机械设计基础. 北京:机械工业出版社,2008.
[7] 王贤民,霍仕武. 机械设计. 北京:北京大学出版社,2012.
[8] 陈立德. 机械设计基础. 4版. 北京:高等教育出版社,2013.
[9] 胡琴. 机械设计基础. 3版. 北京:化学工业出版社,2018.